JN171164

1時間でわかる
エクセルの操作

榊裕次郎 著

技術評論社

●本書について

「新感覚」のパソコン解説書

本書は「1時間で読める・わかる」をコンセプトに制作された、まったく新しいパソコン解説書です。「1時間でなにができる?」と疑問を感じているかもしれませんが、ビジネスの現場で必要とされるパソコンの操作、はそれほど多くはありません。

ビジネスの現場で必要とされる操作に絞ることで、1時間で読んで理解することができるのです。

また、従来のパソコン書は具体的な操作解説が中心ですが、本書はコツやしくみの解説に重点を置いています。コツやしくみを理解しない場合、ほんの少しでも状況が異なると、とたんに操作がおぼつかなくなってしまいます。

移動時間でもサッと読めるように、縦書きスタイルの読んで・わかる新感覚なパソコン解説書です。

エクセルの基礎をしっかり理解してビジネスに役立てる

エクセルは、仕事でよく使うソフトウェアのひとつです。多くのＷｉｎｄｏｗｓパソコンには標準でエクセルが入っています。しかし、実際に使うとなると、いまひとつ操作に自信のない人も多いのではないでしょうか？「これを表にまとめておいて」といわれて、困った経験はありませんか。

そこで、本書の登場です！　本書では、「そもそもエクセルとは何に使うのか？」といった基本から、表作成に必要な知識などをわかりやすく解説します。

さらに、エクセルでつまづきがちな表計算についても、考え方からばっちり解説します。不要な操作や知識は省いて、本当に必要な要点のみをまとめ、１時間で読めるようにしました。

本書はエクセル２０１６／２０１３／２０１０を対象としています。

目次

1章 エクセルを始める前の準備

2章

基本的な表作成のお作法

3章 表計算の基本を完全理解

4章 もっとエクセルを使いこなす活用技

5章 表をきれいに印刷する方法

[免責]

本書に記載された内容は、情報の提供のみを目的としています。したがって、本書を用いた運用は、必ずお客様自身の責任と判断によって行ってください。これらの情報の運用の結果について、技術評論社および著者はいかなる責任も負いません。
本書記載の情報は、2016年6月末日現在のものを掲載していますので、ご利用時には、変更されている場合もあります。
また、本書はWindows 10とExcel 2016を使って作成されており、2016年6月末日現在での最新バージョンをもとにしています。ソフトウェアはバージョンアップされる場合があり、本書での説明とは機能内容や画面図などが異なってしまうこともあり得ます。本書ご購入の前に、必ずバージョン番号をご確認ください。OSやソフトウェアのバージョンが異なることを理由とする、本書の返本、交換および返金には応じられませんので、あらかじめご了承ください。
以上の注意事項をご承諾いただいた上で、本書をご利用願います。これらの注意事項に関わる理由に基づく、返金、返本を含む、あらゆる対処を、技術評論社および著者は行いません。あらかじめ、ご承知おきください。

[動作環境]

本書はExcel 2016/2013/2010を対象としています。
お使いのパソコンの特有の環境によっては、上記のバージョンのExcelを利用していた場合でも、本書の操作が行えない可能性があります。本書の動作は、一般的なパソコンの動作環境において、正しく動作することを確認しております。
動作環境に関する上記の内容を理由とした返本、交換、返金には応じられませんので、あらかじめご注意ください。

[商標・登録商標について]

1章

エクセルを始める前の準備

SECTION 01

なぜビジネスでエクセルを利用するのか？

基本

エクセルは「表」を作るのに最適なソフト

仕事の現場でよく見かける「エクセル」。あなたのパソコンの中にもエクセルが入っているはずだ。しかし、ワードやパワーポイントなど、いろいろなソフトがある中で、エクセルはどんな点が便利なソフトなのだろう？

エクセルは、ひと言でいうと、**表を作るためのソフト**だ。たとえば、左ページの社員の連絡一覧を見てみよう。

表は、「列」と「行」、そしてマス目ごとを区切る「線」から成り立っている。そして、先頭の行には見出しが付いている。これで、どこにどんなデータが入力されているか一目瞭然だ。

エクセルは、こんな表を作るための機能を多く備えたソフトである。連絡先一覧や、会員名簿など、規則正しく並べて管理したいデータは、まさにエクセルで表にまとめるのに向いているといえるだろう。

エクセルは表作成ソフト

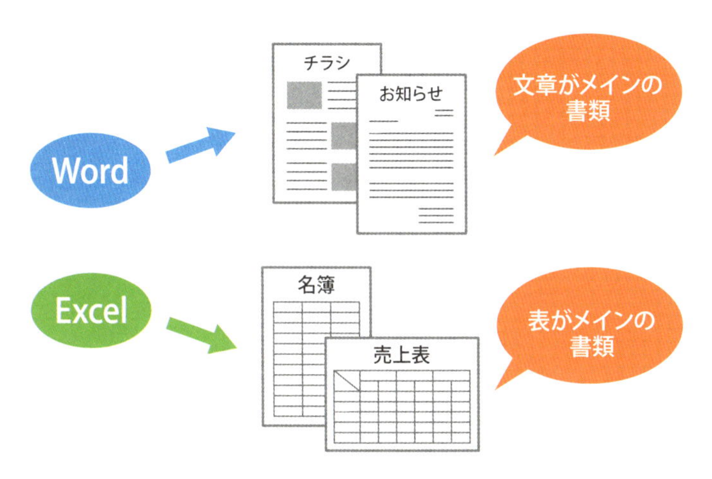

2016年4月1日作成

2016年度○○部△△課　課員一覧

社員番号	氏名	役職	連絡先電話番号
052	鈴木太郎	課長	000-1000-2000
057	木村一郎	課長補佐	000-1100-2100
076	佐々木花子	主任	000-1110-2110
089	田中聡子	副主任	000-1111-2111
092	伊藤次郎		000-1200-2200
114	佐藤太郎		000-1220-2220
152	木村紀子		000-1222-2222

エクセルではこのような表を
かんたんに作ることができる！

表の中の数字を使って計算もできる！

また、エクセルは「表計算ソフト」とも呼ばれている。表を作成するだけではなく、計算までできてしまうのだ！　しかし、「表で計算する」とは、いったいどういうことだろう？

売上を記録した表で考えてみよう。１日の売上を入力し、隣の列にその日の経費を記録しておく。その隣の列に利益を求めるとき、電卓を使って手作業で計算するとしたら、面倒な作業量となるだろう。おまけに計算を間違えてしまうかもしれない。

ここでエクセルの登場である。エクセルでは、マス目に所定の計算式を入力しておくと、自動で計算して答えを表示してくれるのだ。さらに計算式は一度入力すれば、そのあとはコピーして使うことができる。マス目の中の数値に修正があっても、いちいち計算し直す必要がないため、作業時間の大幅な短縮にもなる。

ビジネスでは、計算が必要な表を作るシーンも多いだろう。そのとき、エクセルなら、正確かつスピーディーに表を作ることができる。まさに、ビジネスの即戦力となるソフトだ。

表の中で計算できる

	売上	経費	利益
4/1	4,280	1,234	
4/2	5,060	794	
4/3	3,250	1,080	
4/4	4,521	1,121	
	⋮	⋮	

いちいち
計算するのは面倒

自動で計算してくれる

売上のマス目
−
経費のマス目

売上		経費		利益
4,280	−	1,234	=	3,046

SUMMARY

エクセルの機能を使って計算を行うと、計算間違えが発生せず、しかも修正はかんたんに行える

SECTION 02

ワンクリックですばやく起動して効率アップ

基本

Windowsからエクセルを起動する

エクセルは、パソコン上で機能しているソフトのひとつだ。操作画面を開くためには、パソコンからエクセルを起動しなければならない。ここではWindows 10の画面を参考にして、エクセルを起動をしてみよう。

画面左下の「スタート」ボタンを押して、「すべてのアプリ」をクリックすると、数字・ABC・あいうえお順に、Windows 10に入っているソフトウェア一覧が出てくる。エクセルは、「Excel 2016」（Excel 2016の場合）という名称で登録されているので、「E」からはじまる項目を探そう。

なお、エクセルのアイコンが見当たらなければ、まだExcelが搭載されていないことになる。その場合は製品を購入し、パソコンにインストールしよう。

「Excel 2016」を見つけたら、クリックする。するとモニター中央にエクセルの起動画面が表示され、エクセルのスタート画面になるので、起動完了だ。

エクセルを起動する

• Excel 2013の起動方法

※Excel 2010の場合、「Microsoft Office」→「Microsoft Excel 2010」をクリック

タスクバーにピン留めして使いやすくする

前ページでは、「すべてのアプリ」から起動したが、毎回このように起動していると、手順が多くて面倒だ。そこで、エクセルのアイコンを、画面下部の「タスクバー」に登録しておいて、いつでもすばやく起動できるようにしておこう。このことを「**タスクバーにピン留めする**」という。

それでは、エクセルをタスクバーにピン留めしてみよう。まず、さきほど解説したように、「すべてのアプリ」でエクセルの項目を見つける。そのアイコンの上で右クリックすると、いろいろな項目が表示される。項目上部にある「その他」にカーソルを合わせ、「タスクバーにピン留めする」をクリックする。これで、タスクバーにエクセルのアイコンがピン留めされた。今後エクセルを起動するときは、このタスクバーのアイコンをクリックするだけでOKだ。

ピン留めの外し方もあわせて解説しておこう。ピン留めしたタスクバー上のエクセルのアイコンを右クリックする。項目の中で「タスクバーからピン留めを外す」を選択すれば、タスクバーから削除される。

タスクバーへのピン留め

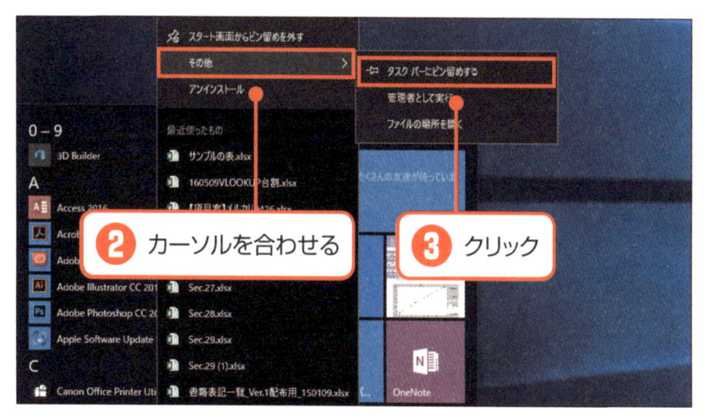

※ Windows 7の場合、いったんエクセルを起動したあと、タスクバーにあるエクセルのアイコンを右クリックし、「タスクバーにこのプログラムを表示する」をクリックする

SECTION 03

まずは使う前にエクセルの画面を知っておく

基本

画面の見方を知る

エクセルを起動して、「空白のブック」をクリックすると、マス目が表示された画面が出てくる。これがエクセルの作業画面だ。

画像の上部には、「リボン」と呼ばれている領域がある。リボンは、「ホーム」「挿入」「ページレイアウト」などの「タブ」をクリックすることで、その中身を切り替えられる。このリボンの中のコマンドを使って、さまざまな操作ができる。

次に、画面のメインであるマス目が敷き詰められた部分を見てみよう。このマス目全体を「シート」と呼ぶ。初期設定では「Sheet1」という名前が付けられていて、シートは何枚も増やすことができる。

そのシートに敷き詰められたマス目ひとつひとつが「セル」だ。セルは統合することはできるが（第2章参照）、これ以上分割することはできない。ここに文字や数字を入力する。各セルに入力したデータは、画面上の「数式バー」に表示されるしくみだ。

空白のブックを選択する

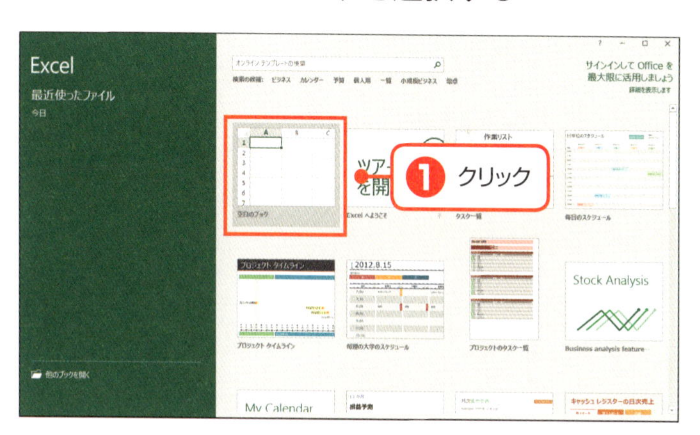

エクセルの画面構成

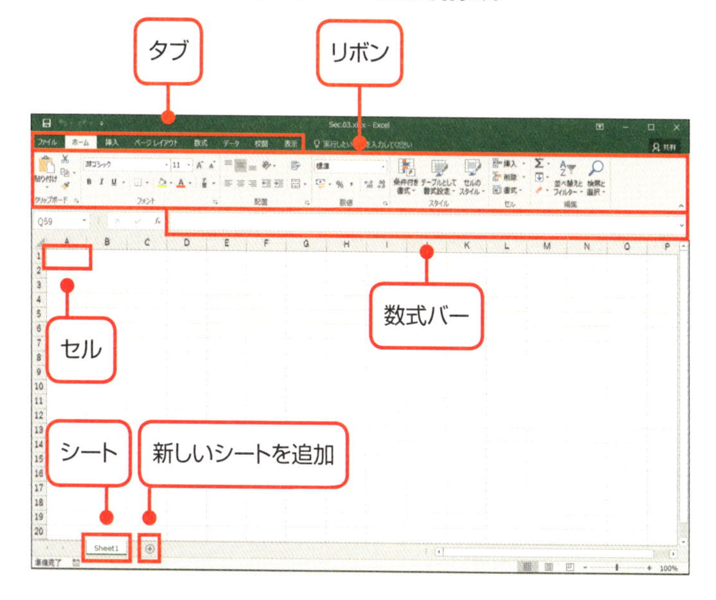

セル番地の数え方

セルが並んでいる部分を見てみると、上にＡＢＣＤ…、左に１２３４…と振られているのがわかるだろう。これらはそれぞれ、「列番号」、「行番号」と呼ばれている。

シート上でセルをひとつクリックしてみよう。すると、クリックしたセルに太枠が表示される。この太枠に囲まれたセルを「アクティブセル」と呼ぶ。数値や文字を入力すると、このアクティブセルに表示される。

ところで、左ページの上の例のようにアクティブセルがある状態で、画面の左上、「名前ボックス」という部分を見てほしい。ここに「C2」と表示されている。これはつまり、アクティブセルはC列と2行目を交差する場所にある、ということだ。

この「C2」というのが、セルのアドレス、「セル番地」だ。シート上で敷き詰められたセルには、すべてこのように番地が定められており、列番号と行番号の組み合わせで示すことができる。セル番地は、エクセルで計算を行うときに重要となってくるので、考え方をしっかり覚えておこう。

なお、列と行の数には上限があるにはあるが、膨大な数なので、あまり気にする必要はない。

セルの場所を表す

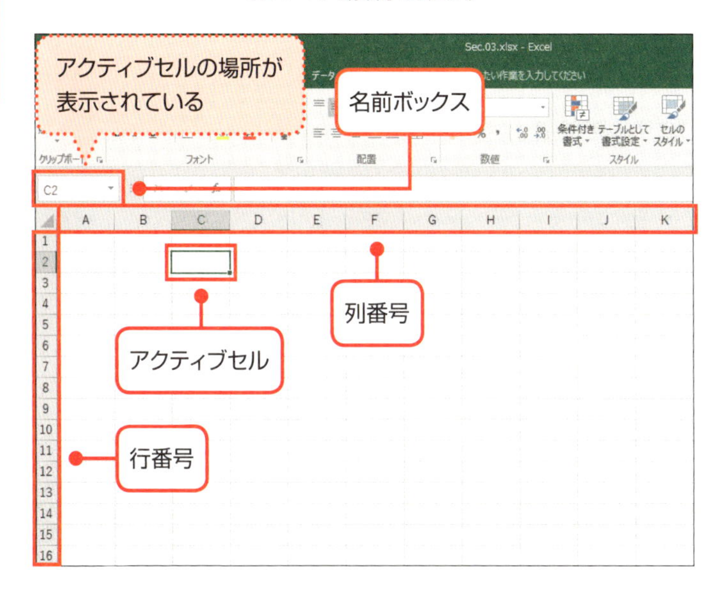

セル番地の数え方

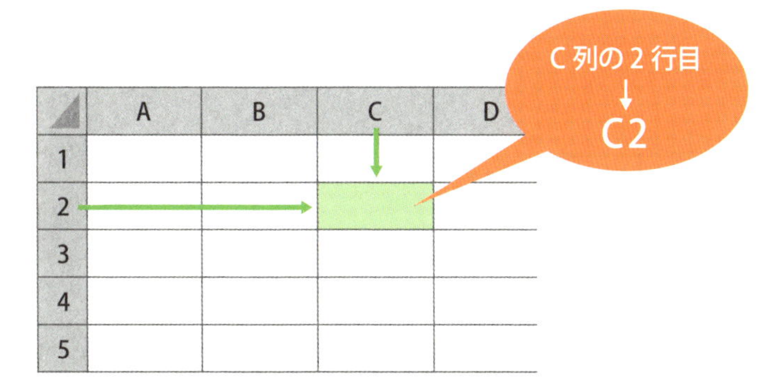

SECTION
04

文字が入力した通りに表示されない？ ～セルの書式設定

基本

エクセルは入力されたデータを判別している

さて、ここではセルに入力する文字について解説しよう。

セルに入力する文字データには、２種類のタイプがある。文字列データと数値データだ。どちらのデータと判断されるかによって、セルに対する表示が異なってくる。

たとえば、「おはよう」と入力したデータと、「１００」と入力したデータを見比べてみよう。「文字列」として判別したデータは、セルに左詰めで表示され、「数値」として判別したデータは、右詰めで表示された。数値データは位がわかりやすくなるよう、右詰めで表示されているのだ。

では、今度は、住所の番地を入力するため「10-22」と入力してみよう。文字列として入力をしたつもりだが、なぜかセルには「10月22日」と表示されてしまった。

これには、「セルの書式」というものが関係している。このしくみについて、詳しく解説していこう。

入力できるデータの種類

	A	B	C	D	
1					
2		おはよう			
3					
4		100			
5					

「文字列」として認識されている

「数値」として認識されている

別の文字が表示される？

	A	B	C	D
1				
2		東京都新宿区	10月22日	
3				

「10-22」と入力したはずなのに、なぜ…？

SUMMARY

➡ セルに入力するデータには、「数値」と「文字列」の2種類があり、セルに対する表示の仕方が異なる

入力した通りに表示されない？　セルの書式とは

セルの書式とは、セルやセルに入力したデータの体裁のことだ。セルの書式ではさまざまな設定ができて、その中には、データの見せ方に関する設定も含まれている。

こういった設定は、通常、手動で行うが、エクセルがデータを自動的に判別して書式を変更することがある。それが「10－22」のような例だ。「日付のデータ」とエクセルが認識したことで、「10月22日」と表示が変わってしまったのだ。

このように、セルの中のデータをどのように表示させるかの設定を、「**表示形式**」という。これも、セルの書式設定の項目のひとつだ。日付のほかにも、通貨や時刻、パーセンテージなど、さまざまな表示形式を選ぶことができる。ただし、これは入力されているデータそのものを変更するのではなく、その見せ方を変えている。**エクセルでは、セルに入力しているデータは「値」であり、その値と実際の表示は、異なることがある**のだ。これは重要なエクセルの特徴のひとつなので、理解しておこう。

なお、今回の例のように、表示形式が間違って設定された場合、シングルコーテーションを頭に付けて「'10-22」と入力すると、表示形式が変更されない。

セルの書式

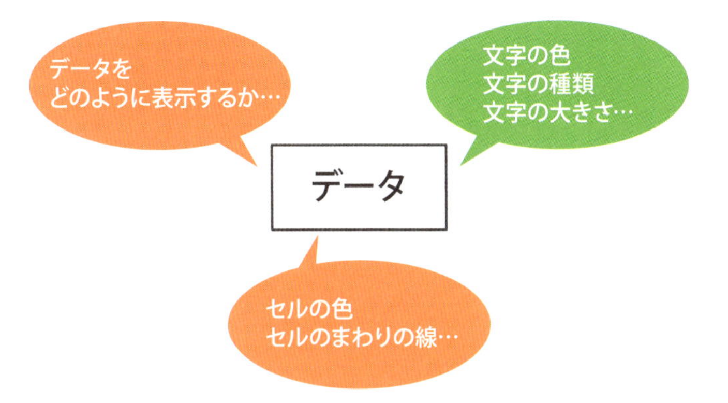

表示形式によって表示が異なる

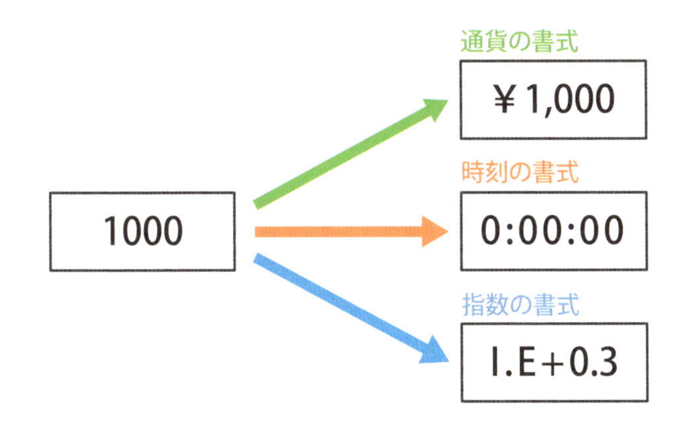

セルの書式の種類

では、セルの書式ではどのようなことが設定できるのか、見てみよう。

左ページの例を見てほしい。左上にある「あ」という文字に、さまざまな書式を設定していった。

まず、文字の種類を変更してみた。これだけでも、見た目がガラッと変わったことがわかるだろう。

次は文字のサイズを変更した。続けて、文字のスタイルも設定する。エクセルでは、文字を太字にしたり、下線を引くことができる。今回は斜体を設定している。

また、文字に色を付けたり、セルに色を付けることもできる。これだけ設定を行うと、もともとの文字と、かなり見た目が変わっているのがわかるだろう。

しかし、ここで気を付けたいのは、左ページの6つの例は、データとしてはすべて同じ「あ」である、ということだ。このように、セルの書式は、データはそのままで、文字やセルの見た目を変えることができるのだ。

セルの書式で見た目が変わる

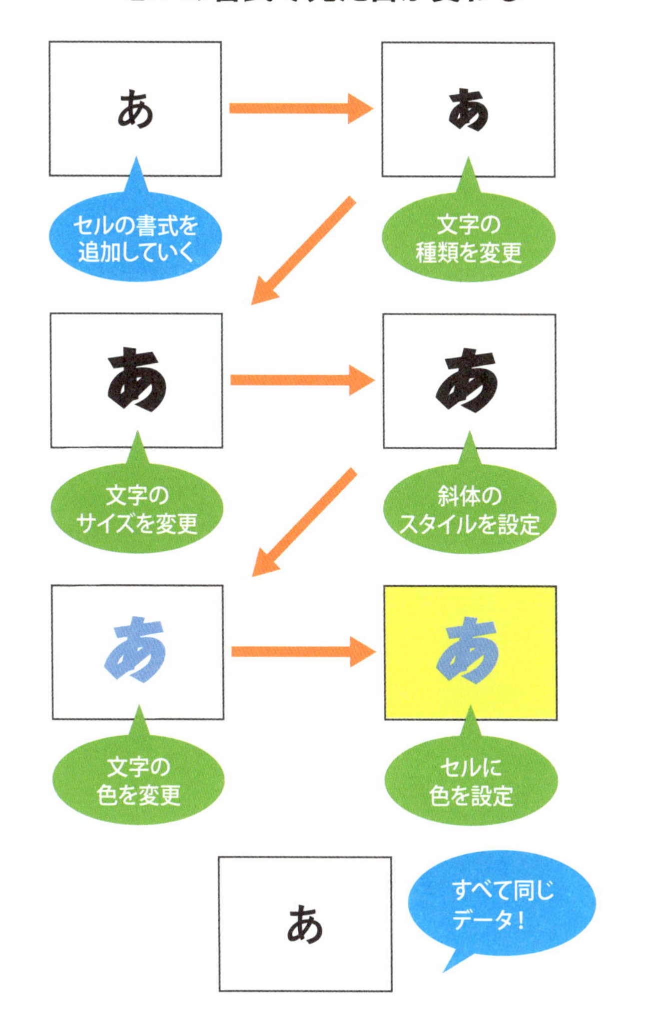

SECTION 05

基本

これがないと表にならない！～罫線のしくみ

罫線とは何か？

セルの四隅は、画面上では薄い線で囲われており、セルがシート上に敷き詰められている。エクセルで表を作成するときは、この線を区切りとしながら表を作るが、はたして印刷時には、この薄い線も印刷されるのだろうか？

答えは「NO」だ。**この薄い線は「枠線」であって、印刷時には出力されない**。つまり、作業中のモニター上でしか見えない線ということなのだ。

入力作業のみで作成した表を見てみよう。印刷プレビューで確認すると、入力したデータは表示されているが、枠線は表示されていないことがわかるだろう。表を完成するにあたり、区切りとなる線は、この枠線上に自分で引かなければならないのだ。枠線に対し、この印刷時に出力される線を「**罫線**（けいせん）」と呼んでいる。

それでは、罫線を引く機能について、確認していこう。

セルの枠線は印刷される？

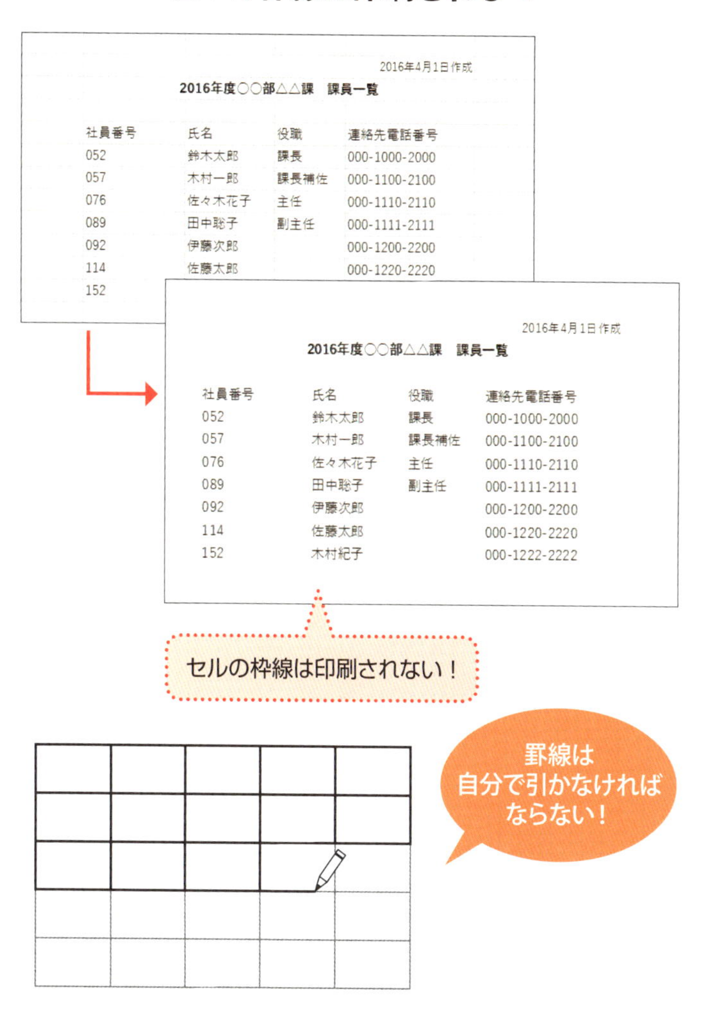

2016年4月1日作成

2016年度○○部△△課　課員一覧

社員番号	氏名	役職	連絡先電話番号
052	鈴木太郎	課長	000-1000-2000
057	木村一郎	課長補佐	000-1100-2100
076	佐々木花子	主任	000-1110-2110
089	田中聡子	副主任	000-1111-2111
092	伊藤次郎		000-1200-2200
114	佐藤太郎		000-1220-2220
152	木村紀子		000-1222-2222

罫線の種類と使い分け

表に罫線を引くツールは、「ホーム」タブの中に用意されている。「フォント」グループの中にある、「罫線」ボタンの右側の▼をクリックしてみよう。罫線に関するさまざまな項目が表示される。ここから罫線を引くことができる。

罫線には、枠線と同じ太さの実線だけではなく、太い線や、点線、二重線などの種類もあるし、色も変更できる。エクセルでは罫線を自由に引くことができるのだ。

表の区切りとして利用するのは「実線」という種類だ。枠線の上をなぞるような細い線で、もっともよく使われる罫線の種類である。また、表の外周には、実線よりも太い「太線」を設定することが多い。結果を強調する場合などにも用いたりする。ほかにも、実線を2本引いた「二重線」は、見出しとデータの区切りとして利用できる。表全体のバランスを見ながら、罫線を選んでいくのがコツだ。

種類の異なる罫線をうまく組み合わせて使うことで、見栄えのよい表を作成することができる。第2章では実際にデータを使いながら、より詳細に解説する。

罫線を引く

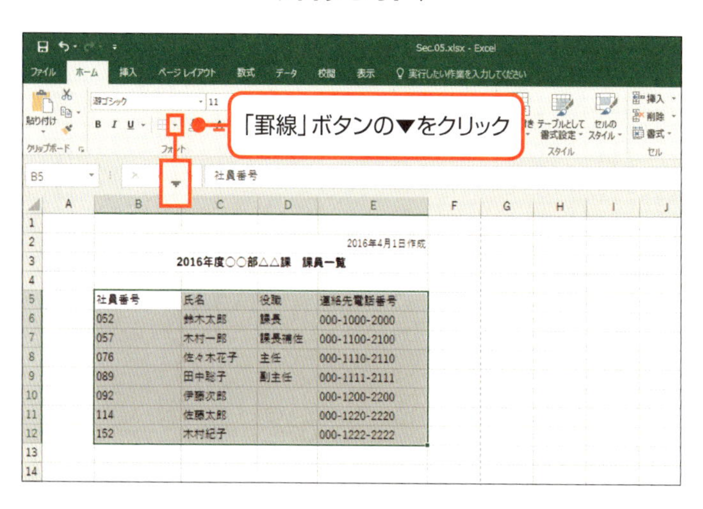

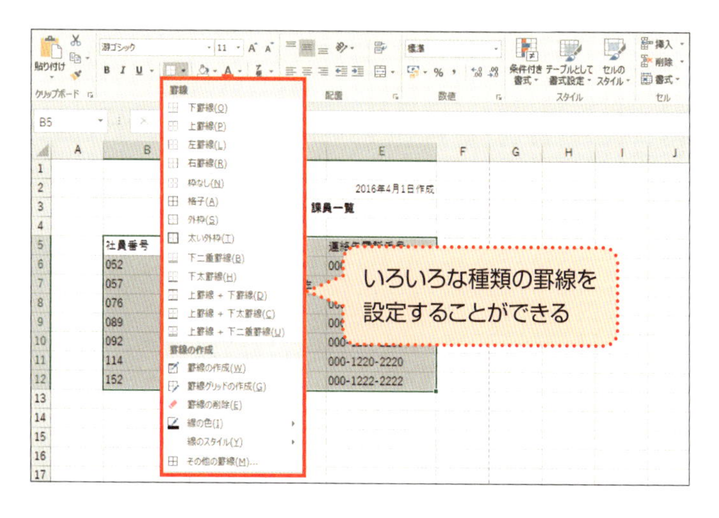

SECTION 06

保存と編集のサイクルを身に付ける ～ファイルの保存

基本

表と「ブック」、「ファイル」の関係

エクセルを起動し、新規にファイル（新しい表）を開いたとき、画面上部のタイトルバーを見てみよう。「Book1」という名前が表示されていることがわかるはずだ。

これは、このファイルに付いた仮の名称だ。新しくファイルを開いた状態では、ファイルに名前が何も付いていないので、この仮の名前が付いている。しかし、どうして「Book1」なのだろうか？　これは、エクセルで作成したファイルを「ブック」と呼ぶからなのだ。ブックには、シートが含まれており、そのシート上に敷き詰められたセルにデータを入力していく、という構造だ。なお、新規にブックを作成した時点では、シートはブックに1枚しかないが、シートを増やすこともできる。**シートをまとめたものが、ブック**ということだ。

仮の名前が付いたままでは、まだどこにも保存されておらず、誤って終了するとせっかく作成したデータが消えてしまうことになる。保存の手順について知っておこう。

ブックとはファイルのこと

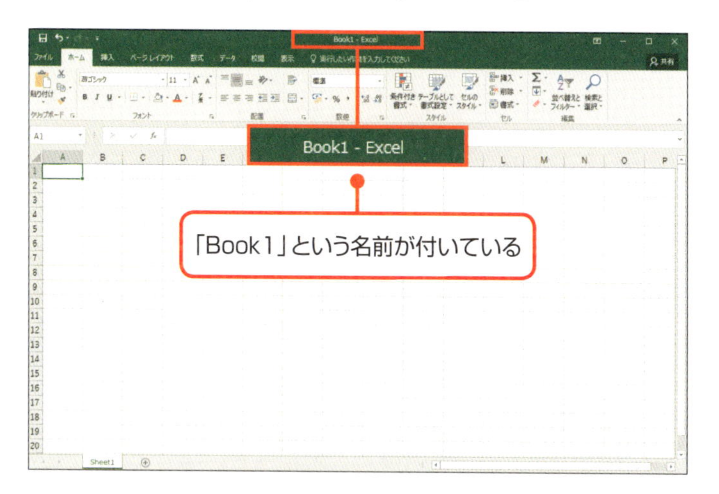

ブックとシートの関係

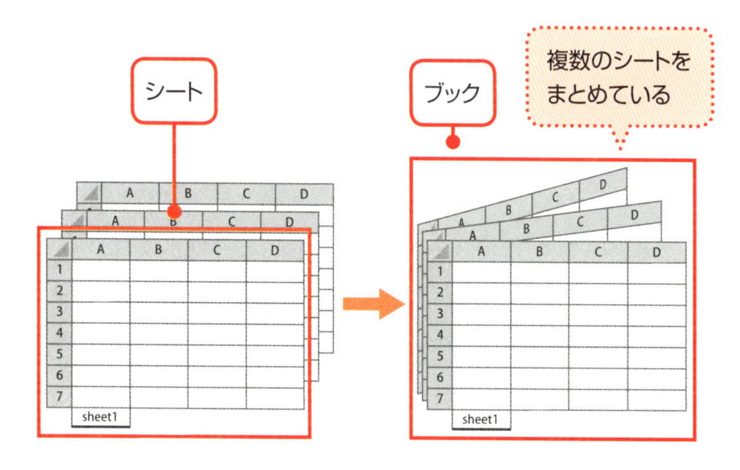

編集したら、必ず上書き保存

それでは、ブックを保存して名前を付けてみよう。保存する場合は、まず「ファイル」タブをクリックする。表示された左側のリストから、「名前を付けて保存」をクリックしよう。Ｅｘｃｅｌ２０１６では、ファイル名を入力する項目が表示される。ここでは「サンプルブック」と名前を付けた。

次は、どこに保存するかを確認しよう。なお、画面中頃の「参照」をクリックすると、保存先のフォルダーを指定することができる。**フォルダーとは、ファイルを保存するための入れ物**のことだ。ここでは、「ドキュメント」というフォルダーを指定して、保存することにする。

指定後、「保存」ボタンで保存が完了したら、タイトルバーに注目してみよう。先ほどまで「Book1」という仮の名前だったのが、「サンプルブック」に変化した。

では、一度エクセルを終了して、再度開き直してみよう。保存したフォルダーである「ドキュメント」を開き、「サンプルブック」をダブルクリックする。これで先ほどのデータを開くことができた。次回以降、このデータに変更を加えた場合は、「ファイル」タブをクリックして「上書き保存」をしていくことになる。

名前を付けて保存する

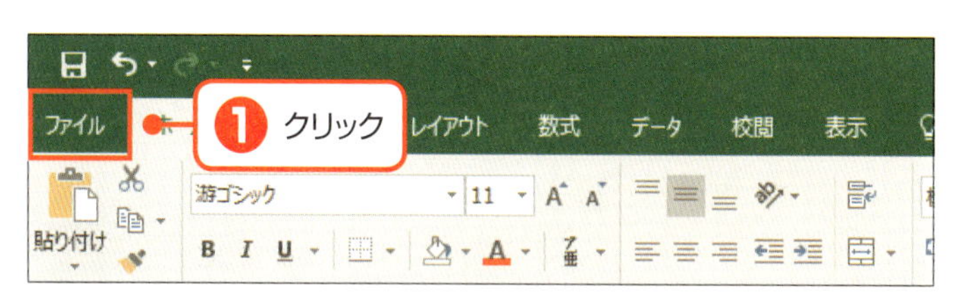

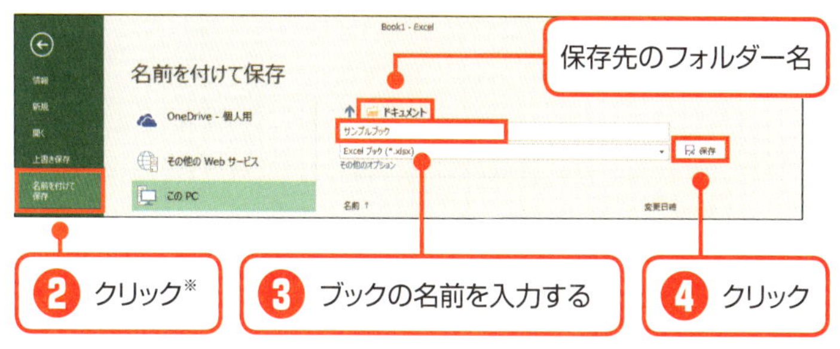

※Excel 2013および2010では､｢名前を付けて保存｣をクリックすると､｢名前を付けて保存｣ダイアログボックスが表示されるので、保存したい場所を指定して、名前を付けて保存する

エクセルでの作業サイクル

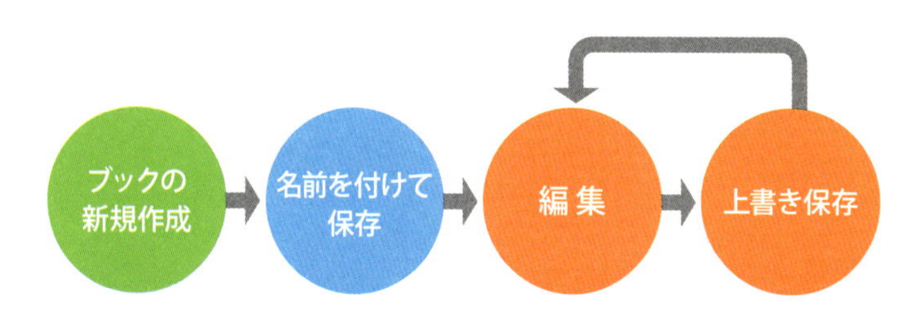

SECTION 07

エクセルで表を作る「定番」のプロセス ～ワークフロー

基本

まずはデータを入力していく

第2章から表作成に入る準備として、表を作るプロセスを確認しておこう。ここでは、かんたんな表作成を例として説明していくことにする。

表を作るというと、とりあえず罫線を引いて表の形にしたくなるが、早まってはいけない。どんな表作成の場合も、まずは**データや数式をセルに入力するところから始める**。見出しを入力し、その項目の下にデータを入れていく。

入力していれば、データに不備や入力ミスが起きることもある。そういったとき、すでに罫線を引いてしまっていると、修正で表の見た目が崩れてしまうのだ。そのため、まずは入力を先に行うべきなのである。

データをひと通り入力し終えたら、ミスがないか必ずチェックをして、次の工程に移ろう。

まずは入力作業から！

先に罫線を引いてしまうと…

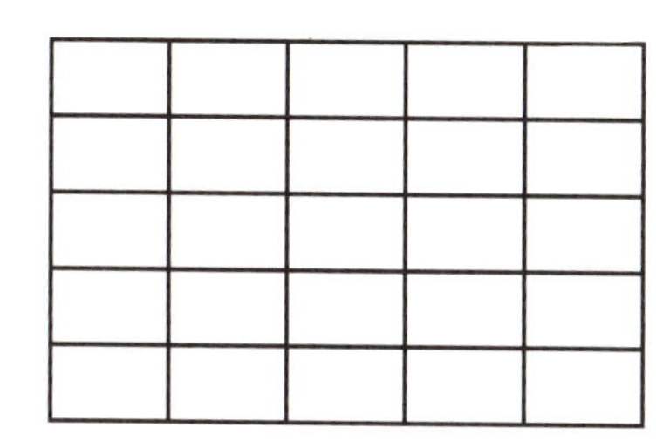

データを入力する

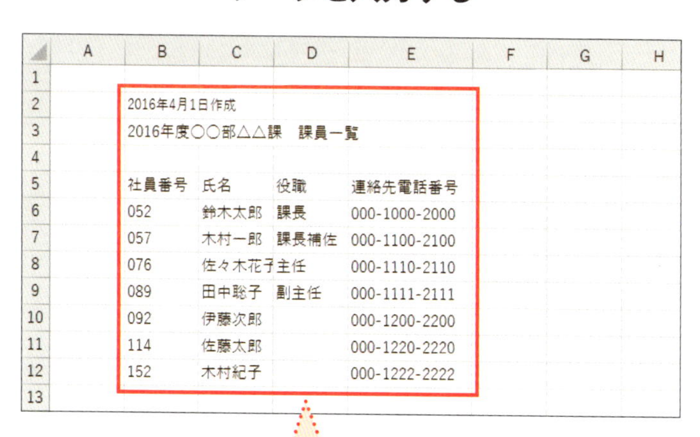

	A	B	C	D	E	F	G	H
1								
2		2016年4月1日作成						
3		2016年度○○部△△課　課員一覧						
4								
5		社員番号	氏名	役職	連絡先電話番号			
6		052	鈴木太郎	課長	000-1000-2000			
7		057	木村一郎	課長補佐	000-1100-2100			
8		076	佐々木花子	主任	000-1110-2110			
9		089	田中聡子	副主任	000-1111-2111			
10		092	伊藤次郎		000-1200-2200			
11		114	佐藤太郎		000-1220-2220			
12		152	木村紀子		000-1222-2222			
13								

まずはデータをどんどん入力する！

形を整えて表を完成させる

データの入力が完了したら、次は**セルの幅（列幅）を整える**。住所のように、長いデータを入力する場合、セルに隠れてしまったり、セルからはみ出てしまったりすることがあるのだ。データが枠の中にしっかりと収まるよう、形を整えていく作業をしていく。そのあと、罫線を引こう。

また、表の見出しや表のタイトルを太字にしたり、文字の種類を変えたり、セルを塗りつぶしたりするのも、データの入力後に行う。つまり、罫線や、文字のスタイルなどといった**セルの書式設定はデータを入力したあとに設定**する、ということだ。

ただし、データを入力してから、とはいうものの、途中で1行必要だったことが判明したり、入力したデータが不要となり、削除するケースもよくあるだろう。そういったときにもエクセルでは柔軟に対応できるので、心配は不要だ。

第2章から実際に表を作成し、その手順の詳細をひとつひとつ確認していこう。エクセルの便利な機能によって、どれもかんたんにできることがわかるはずだ。

体裁を整える

・列幅を広げる

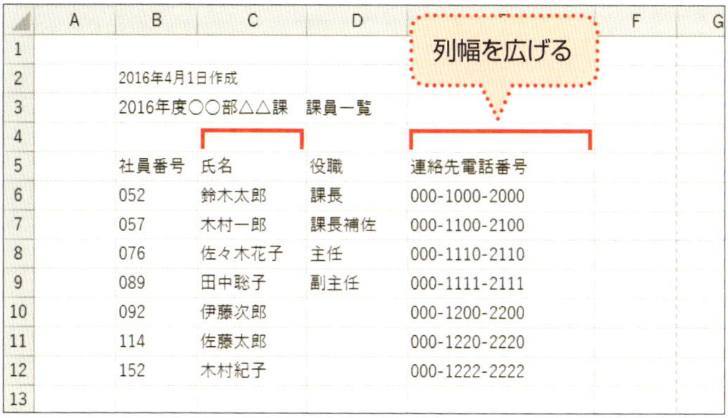

	A	B	C	D	E	F	G
1							
2		2016年4月1日作成					
3		2016年度○○部△△課　課員一覧					
4							
5		社員番号	氏名	役職	連絡先電話番号		
6		052	鈴木太郎	課長	000-1000-2000		
7		057	木村一郎	課長補佐	000-1100-2100		
8		076	佐々木花子	主任	000-1110-2110		
9		089	田中聡子	副主任	000-1111-2111		
10		092	伊藤次郎		000-1200-2200		
11		114	佐藤太郎		000-1220-2220		
12		152	木村紀子		000-1222-2222		
13							

列幅を広げる

・表を装飾する

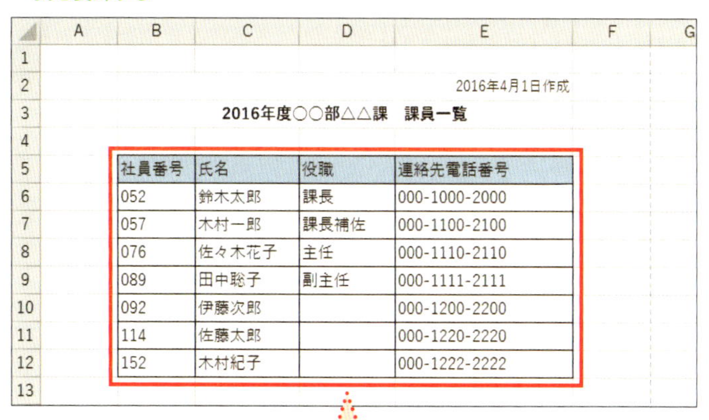

	A	B	C	D	E	F	G
1							
2					2016年4月1日作成		
3			2016年度○○部△△課　課員一覧				
4							
5		社員番号	氏名	役職	連絡先電話番号		
6		052	鈴木太郎	課長	000-1000-2000		
7		057	木村一郎	課長補佐	000-1100-2100		
8		076	佐々木花子	主任	000-1110-2110		
9		089	田中聡子	副主任	000-1111-2111		
10		092	伊藤次郎		000-1200-2200		
11		114	佐藤太郎		000-1220-2220		
12		152	木村紀子		000-1222-2222		
13							

罫線を引いて、見やすく装飾をする

Ａ４用紙１枚にきれいに印刷

表の完成後は、そのままデータとしてパソコン上で使う場合もあるし、用紙に出力して使う場合もあるだろう。

ビジネスの場では、主にＡ４用紙が使われているため、**Ａ４用紙１枚にきれいに表を印刷**する必要がある。文書作成ソフトのワードと異なり、エクセルは自分自身で用紙や出力範囲を設定しなければならないため、なかなか難しい。自分が考えている仕上がりとはだいぶ違う印刷になって、困ったことがある人も多いのではないだろうか。

表を用紙に合わせて美しく印刷するには、印刷の向きや余白など、それなりのコツがいる。印刷についての詳細は、第５章で解説するので、参考にしてほしい。

以上が、エクセルでの作業の手順だ。本書を読めば、この流れにそって、スムーズに表作成から印刷までできること間違いなしだ。

2章

基本的な表作成のお作法

SECTION 08

規則性のある数字は自動で入力する～オートフィルの基本

基本

データの連続性とは

表を作成するには、まずセルにデータを入力していく。ところで、作成する表によっては「1、2、3…」など連続したデータを入力したいこともあるだろう。そのような場合、すべてのデータを手入力していくのは手間ではないだろうか？

こういったデータは、できるかぎり入力を簡素化したい。そこでエクセルには、このような入力をサポートしてくれる便利な機能が用意されている。「**オートフィル**」と呼ばれる機能だ。この機能で、連続するデータをかんたんに入力することができる。

オートフィルで入力できるのは、**一定の規則性があるデータ**だ。「1、2、3…」のように一定の間隔で並んでいるデータや、「月、火、水…」のような規則のあるデータといった、「**連続データ**」である。

また、オートフィルではデータをコピーして同じデータを入力することもできる。オートフィルを使うことで、効率よく入力しよう。

連続したデータ

1, 2, 3, 4, 5, 6, 7…

月, 火, 水, 木, 金, 土…

一定の規則性を持って並んでいるデータを自動で入力できる

オートフィル機能を使う

	A	B	C	D
1	月	1	1	
2	火	2	1	
3	水	3	1	
4	木	4	1	
5	金	5	1	
6	土	6	1	
7	日	7	1	
8				

連続データを自動的に入力できる

同じデータをコピーすることもできる

SUMMARY

エクセルでは、規則性を持ったデータを、オートフィルという機能で自動で入力できる

オートフィルでデータを入力する

それでは、左ページの住所録の表に、実際に連続データを入力してみよう。

「1」と入力しているセルをクリックする。セル右下の小さい四角「フィルハンドル」にマウスカーソルをあわせると、十字に変わるので、クリックして下方向にドラッグする。そのままデータを入力したい場所までドラッグすると、ドラッグした部分のセルに、すべて「1」と入力された。これは、先頭のセルに入力した「1」がコピーされたことを意味している。これを「1」「2」「3」……と連番にするためには、もうひと手間必要だ。

オートフィルの終了地点には、オプションボタンが表示される。これは「**オートフィルオプション**」というボタンで、オートフィルの結果を手動で修正できる機能だ。

この「オートフィルオプション」ボタンをクリックする。現在は「セルのコピー」となっているので、「**連続データ**」をクリックする。これで、「1」「2」「3」…と、連続したデータに変更することができた。なお、「オートフィルオプション」ボタンは、ほかのセルに入力を開始するなど、別の操作が加わると表示が消えてしまうので注意が必要だ。

オートフィルで連続するデータを入力する

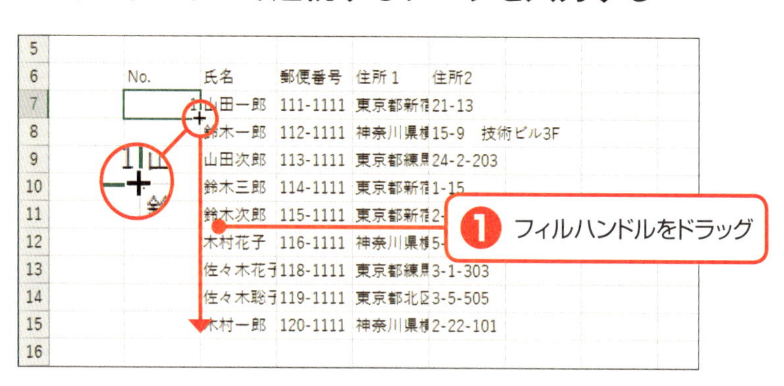

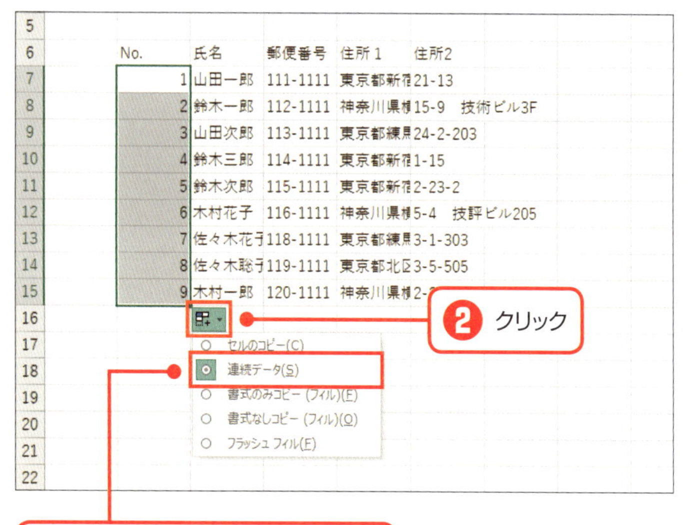

❸「連続データ」をクリックすると、連続するデータが入力される

SECTION 09

文字のはみ出しはセルを大きくして解決 ～列幅の調整

基本

文字のはみ出しは厳禁

左ページの下の住所録を見てみよう。郵便番号などのデータはセルに収まっているが、氏名の一部や住所を入力したセルは、そのほとんどが収まっていない。

セルには、初期設定で定められた「列幅」と「行高」がある。入力するデータによって文字数がさまざまなため、この幅から文字がはみ出てしまうことがあるのだ。

入力した氏名の一部や住所1のデータで、初期設定の列幅に収まり切らない部分は、右側のセルの下に潜り込んでしまっている。住所2のデータは、右側にデータが何も入力されていないため、右のセルにはみ出た状態となっている。

このまま印刷すると、正しいデータを入力したにも関わらず、氏名や住所1は途切れた状態で出力されてしまう。これではせっかくの作業が台無しだ。

データの長さによって、セルは自由にサイズ変更ができる。ここでは、データがセルの下に隠れることがないよう、項目に応じて列幅を調整しよう。

セルの行高・列幅

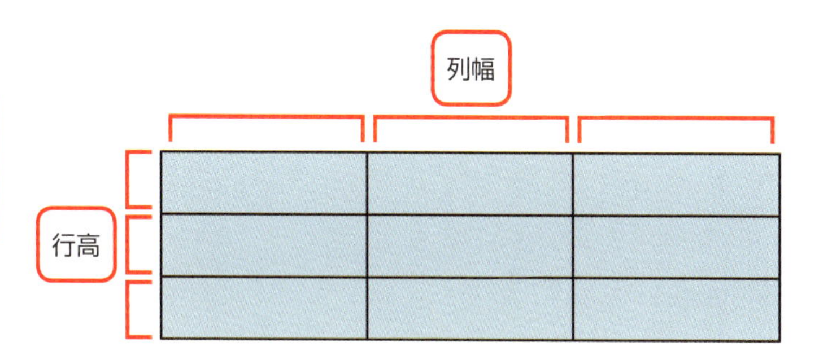

セルから文字がはみ出してしまう

右側にデータがあると、後ろに隠れてしまっている！

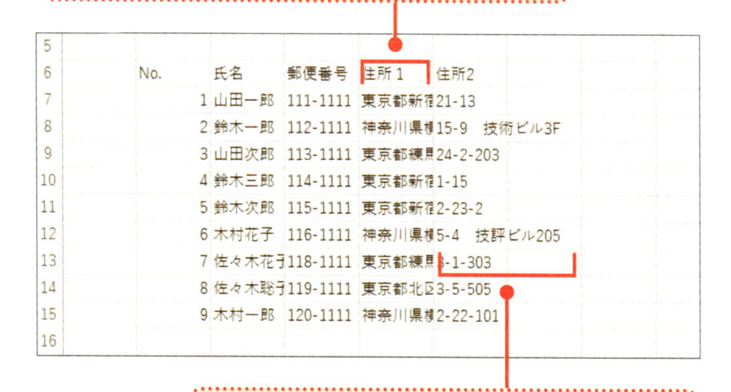

	No.	氏名	郵便番号	住所1	住所2
5					
6	No.	氏名	郵便番号	住所1	住所2
7	1	山田一郎	111-1111	東京都新宿	21-13
8	2	鈴木一郎	112-1111	神奈川県横	15-9　技術ビル3F
9	3	山田次郎	113-1111	東京都練馬	24-2-203
10	4	鈴木三郎	114-1111	東京都新宿	1-15
11	5	鈴木次郎	115-1111	東京都新宿	2-23-2
12	6	木村花子	116-1111	神奈川県横	5-4　技評ビル205
13	7	佐々木花子	118-1111	東京都練馬	3-1-303
14	8	佐々木聡子	119-1111	東京都北区	3-5-505
15	9	木村一郎	120-1111	神奈川県横	2-22-101
16					

右側が空白の場合、隣のセルに間借りした状態だ

列幅を調整する

それでは、セルの列幅を調整していこう。

氏名を入力しているC列を広げたい場合、CとDの境界線上にマウスカーソルを置く。マウスカーソルの形が左右両方向の矢印マークに変化するので、**右方向にドラッグして**幅を広げよう。長い氏名を入力しても途切れないよう、余裕を持って広げるとよい。

次は、住所1を入力しているE列を広げていく。こちらも先ほどと同じように列幅を広げてもよいが、短い住所もあれば長い住所もある。これらに合わせて列幅を調整する方法はないだろうか?

その場合、列番号の境界線上をドラッグするのではなく、ダブルクリックで行うのが効率的だ。左の表で、EとFの間の**境界線上にマウスカーソルを置き、その場所をダブルクリック**をしてみよう。すると、住所の一番長い文字列に合わせて、列幅が自動的にサイズ調整された。手動での調整が難しい場合、この方法がおすすめだ。

なお、このような列幅の調整方法と同じように、行高を変更することも可能だ。行番号の境界線上にマウスカーソルを置いて、行高を調整しよう。

列幅を広げる

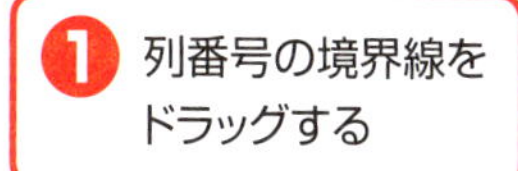

境界線をダブルクリックすると自動で調整できる

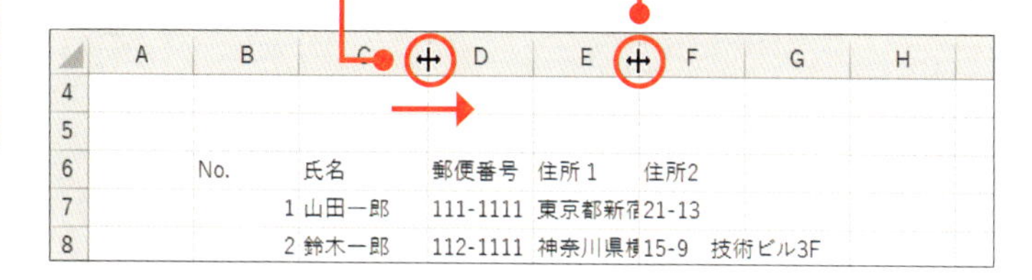

2 文字のはみ出しが解消された

	A	B	C	D	E	F	G	H
4								
5								
6		No.	氏名	郵便番号	住所1	住所2		
7		1	山田一郎	111-1111	東京都新宿	21-13		
8		2	鈴木一郎	112-1111	神奈川県横	15-9 技術ビル3F		
9		3	山田次郎	113-1111	東京都練馬	24-2-203		
10		4	鈴木三郎	114-1111	東京都新宿	1-15		
11		5	鈴木次郎	115-1111	東京都新宿	2-23-2		
12		6	木村花子	116-1111	神奈川県横	5-4 技評ビル205		
13		7	佐々木花子	118-1111	東京都練馬	3-1-303		

SUMMARY

データが列幅からはみ出た場合は列幅を調整する

列幅の調整と同様に行高の調節も可能

SECTION 10

罫線を引いて表のデータを見やすくする ～罫線の使い方

基本

罫線をうまく使って見やすい表にする

列幅を調整し、セルに各データが収まったら、次は表に「**罫線**」を引いていこう。ところで、シートには作業開始時からセルの枠線が表示されている。この枠線と罫線の違いは何だろうか？

シート上にある無数の枠線は、あくまでデータを作成するためのものだ。紙にプリントアウトすると、その線は印刷されないようになっている。**表に必要な罫線は、その枠線上に自分で引く必要があるのだ。**

エクセルでは、罫線にもさまざまな種類が用意されている。シンプルな一本線の「実線」や、「破線」などだ。ただ単に一種類の罫線を引くだけではなく、異なる種類の罫線を組み合わせて使うことも、表を見やすくするためには効果的である。たとえば、見出し部分とデータ部分との境目などで、罫線の種類を変えるとよいだろう。

ここまで作成している住所録にも罫線を引いて、データをより見やすくしてみよう。

セルの枠線と罫線の違い

No.	氏名	郵便番号	住所1
1	山田一郎	111-1111	東京都新宿区1丁目
2	鈴木一郎	112-1111	神奈川県横浜市鶴見区2丁目
3	山田次郎	113-1111	東京都練馬区3丁目
4	鈴木三郎	114-1111	東京都新宿区1丁目
5	鈴木次郎	115-1111	東京都新宿区4丁目
6	木村花子	116-1111	神奈川県横浜市都筑区3丁目
7	佐々木花子	118-1111	東京都練馬区2丁目
8	佐々木聡子	119-1111	東京都北区4丁目
9	木村一郎	120-1111	神奈川県横浜市青葉区2丁目

No.	氏名	郵便番号	住所1
1	山田一郎	111-1111	東京都新宿区1丁目
2	鈴木一郎	112-1111	神奈川県横浜市鶴見区2丁目
3	山田次郎	113-1111	東京都練馬区3丁目
4	鈴木三郎	114-1111	東京都新宿区1丁目
5	鈴木次郎	115-1111	東京都新宿区4丁目
6	木村花子	116-1111	神奈川県横浜市都筑区3丁目
7	佐々木花子	118-1111	東京都練馬区2丁目
8	佐々木聡子	119-1111	東京都北区4丁目
9	木村一郎	120-1111	神奈川県横浜市青葉区2丁目

セルの枠線は印刷されない！

罫線を使い分けて表を見やすくする

No.	氏名	郵便番号	住所1	住所2
1	山田一郎	111-1111	東京都新宿区1丁目	21-13
2	鈴木一郎	112-1111	神奈川県横浜市鶴見区2丁目	15-9　技術ビル3F
3	山田次郎	113-1111	東京都練馬区3丁目	24-2-203
4	鈴木三郎	114-1111	東京都新宿区1丁目	1-15
5	鈴木次郎	115-1111	東京都新宿区4丁目	2-23-2
6	木村花子	116-1111	神奈川県横浜市都筑区3丁目	5-4　技評ビル205
7	佐々木花子	118-1111	東京都練馬区2丁目	3-1-303
8	佐々木聡子	119-1111	東京都北区4丁目	3-5-505
9	木村一郎	120-1111	神奈川県横浜市青葉区2丁目	2-22-101

罫線を引くと表がわかりやすくなる

表に罫線を引く

それでは、実際に罫線を引いてみよう。

まずは罫線を引いたセルをドラッグして、範囲選択しよう。そして、「ホーム」タブの「フォント」グループにある「罫線」ボタンの右側の▼をクリックし、続いて「格子」をクリックする。これで実線の罫線を引くことができた。

一度全体を確認するためにも、住所録以外の空白セルをクリックして、範囲選択を解除してみよう。すべてのセル枠に、黒い罫線が引かれていることがわかった。

次は、見出しの下に二重罫線を入れて、さらに表をわかりやすくしよう。

見出しとなるセルをすべて選択する。続いて、「罫線」ボタンの中で「下二重罫線」をクリックする。先ほどと同じように、住所録以外の適当な空白セルをクリックして、選択を解除しよう。これで見出しの下に二重罫線が引かれたことが確認できる。

これだけでも、住所録が見やすくなったのではないだろうか。

なお、ここではセルを範囲選択して一度に罫線を引いたが、部分的に手動で罫線を引く方法もある。これについては126ページで解説する。まずは範囲選択をし、「罫線」ボタンを押して罫線を設定するという、基本操作を覚えておこう。

表に罫線を引く

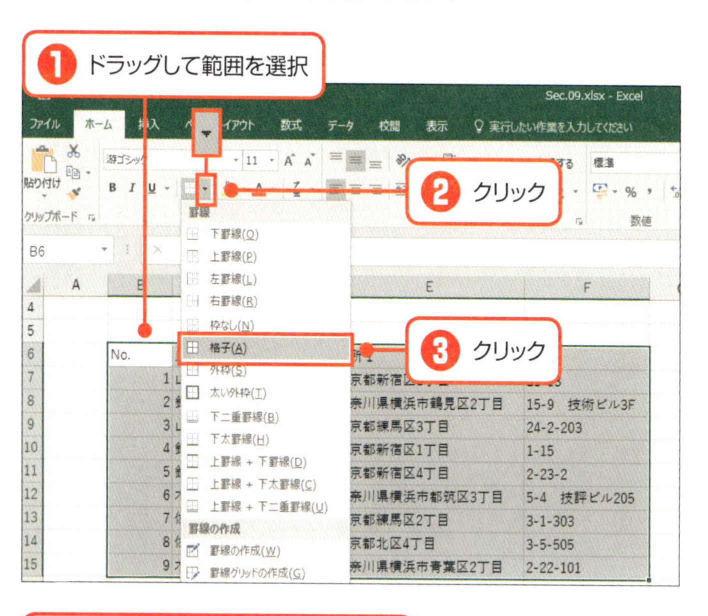

1 ドラッグして範囲を選択
2 クリック
3 クリック

4 表全体に罫線を引くことができた

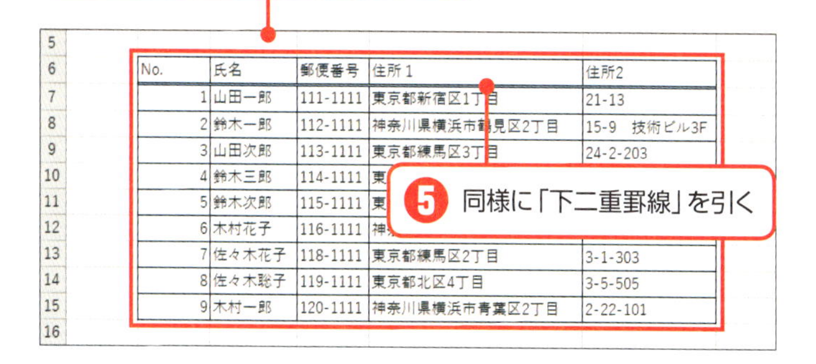

5 同様に「下二重罫線」を引く

SECTION 11

基本

セルの中の文字の位置を整える～文字の配置

セルの中の文字の位置は変更可能

ここで一度、セルの中の文字の配置について考えてみよう。左ページの下の住所録を見てほしい。No.の数字は、セルの右に寄って表示されている。氏名や住所の部分では、セルの左に寄せて表示がされていることがわかる。このように、エクセルでは、セルの中の文字の配置に種類がある。

セルの中の文字の配置は、入力されているデータの種類に関わらず変更することが可能だ。文字の配置は、セルの中央に文字を配置する「中央揃え」、左側に配置する「左揃え」、右側に配置する「右揃え」などがある。

では、左ページの下の住所録でも文字の配置を工夫してみよう。各項目の見出しを中央に配置したらどうだろうか？　初期設定の状態よりも、見出しがはっきりとして、表の見栄えがよくなりそうだ。

セルの中の文字の配置

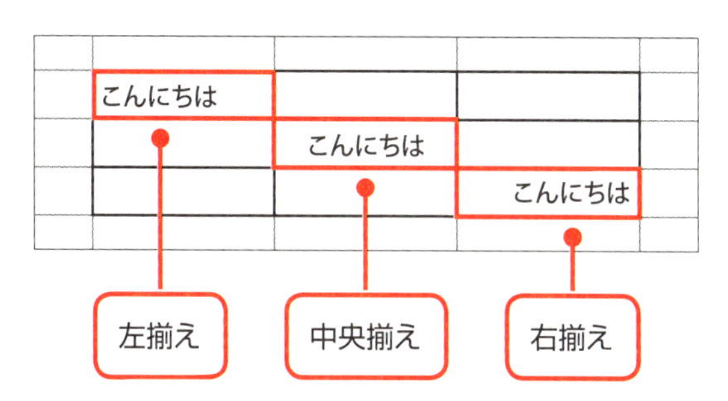

見出しを中央揃えにする

表の見出し部分を中央揃えにする

No.	氏名	郵便番号	住所1	住所2
1	山田一郎	111-1111	東京都新宿区1丁目	21-13
2	鈴木一郎	112-1111	神奈川県横浜市鶴見区2丁目	15-9　技術ビル3F
3	山田次郎	113-1111	東京都練馬区3丁目	24-2-203
4	鈴木三郎	114-1111	東京都新宿区1丁目	1-15
5	鈴木次郎	115-1111	東京都新宿区4丁目	2-23-2
6	木村花子	116-1111	神奈川県横浜市都筑区3丁目	5-4　技評ビル205
7	佐々木花子	118-1111	東京都練馬区2丁目	3-1-303

SUMMARY

文字の位置は、セルの中で左揃え・中央揃え・右揃えを選択することができる

表の見出しに「中央揃え」を設定する

それでは、各項目の見出しを中央揃えにしていこう。

まず、中央揃えにしたい範囲をすべて選択する。範囲を選択したら、「ホーム」タブの「配置」グループを見てみよう。ここには文字の配置に関するさまざまな機能が集まっている。この「配置」グループの左側にある、「中央揃え」ボタンをクリックする。

「中央揃え」ボタンをクリックして設定したら、どこか空白セルをクリックして範囲選択を解除しよう。範囲設定が解除され、見出しの中央揃えが確認できた。

同様の操作で、「左揃え」ボタンもしくは「右揃え」ボタンをクリックすれば、文字を左揃え、右揃えに配置することができる。

なお、中央揃えなどのボタンの上には、さらに3つのボタンがある。これはセルの中での縦方向の文字の配置を調整するボタンである。行高が広いとき、入力したデータをセルの上部に配置するか、中央に配置するか、下部に配置するかを設定することが可能だ。それぞれを「上揃え」、「上下中央揃え」、「下揃え」と呼ぶ。

作成している表によって、どのように文字を配置すればよいかは異なる。いろいろと工夫しながら、統一感を持った表にしていこう。

文字揃えの設定を行う

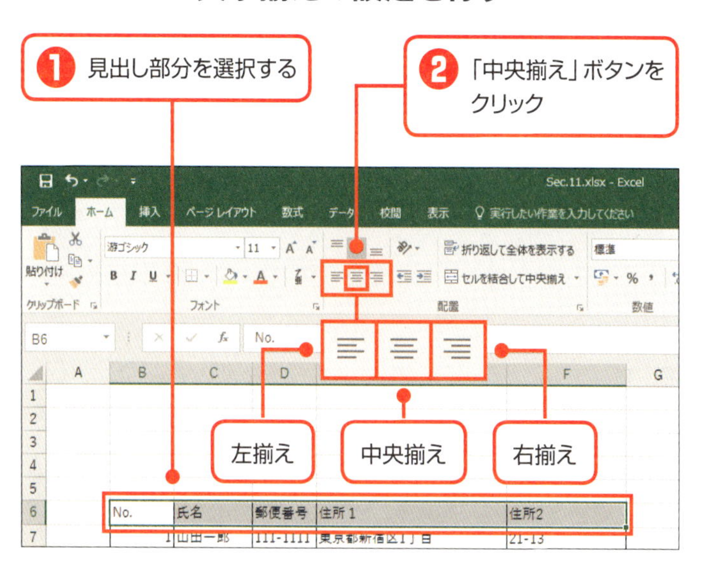

No.	氏名	郵便番号	住所1	住所2
1	山田一郎	111-1111	東京都新宿区1丁目	21-13
2	鈴木一郎	112-1111	神奈川県横浜市鶴見区2丁目	15-9　技術ビル3F
3	山田次郎	113-1111	東京都練馬区3丁目	24-2-203
4	鈴木三郎	114-1111	東京都新宿区1丁目	1-15
5	鈴木次郎	115-1111	東京都新宿区4丁目	2-23-2
6	木村花子	116-1111	神奈川県横浜市都筑区3丁目	5-4　技評ビル205
7	佐々木花子	118-1111	東京都練馬区2丁目	3-1-303
8	佐々木聡子	119-1111	東京都北区4丁目	3-5-505
9	木村一郎	120-1111	神奈川県横浜市青葉区2丁目	2-22-101

SECTION 12

複数のセルを1つにまとめて見出しにする ～セル結合

実践

表全体に対して文字を右揃えや左揃えにするには？

次に、左ページの例のように、表全体のタイトルと制作者、制作日時を入力しよう。タイトルは表の中央、制作者と制作日時は表の右側に入力したい。そこで、タイトルを表の中央のセルに入力する。表の右端のセルに制作者と制作日時も入力してみたところが、タイトルを表の中央のセルに入力しても、各データによって列幅が異なるため、正確な中央にタイトルが位置していない。また、制作者と制作日時はセルからはみ出てしまった状態だ。これはどのように調整すればよいだろうか？

ここで、複数のセルを合体して1つのセルにしてみよう。このセルとセルが合体することを「セル結合」と呼んでいる。セル結合は、隣と隣のセル同士だけではなく、範囲選択した分だけ結合することができる。左ページの例の場合、タイトルと制作者、制作日時を入力しているそれぞれの行で、表の幅に合わせてセルを結合すれば、その中で文字の配置を設定して、バランスを整えることができるだろう。

表全体に対して文字を配置するには？

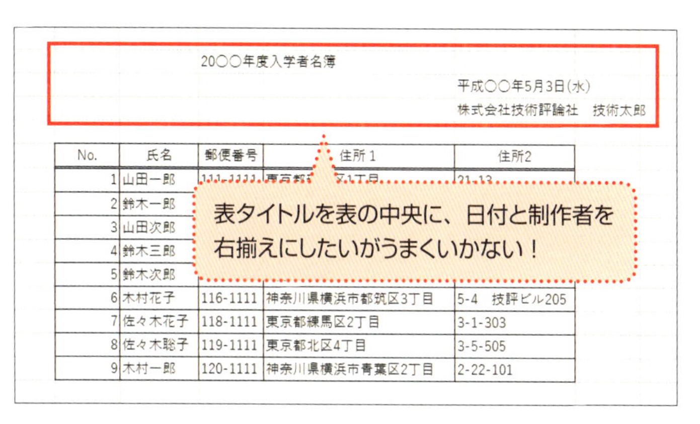

20○○年度入学者名簿

平成○○年5月3日(水)

株式会社技術評論社　技術太郎

No.	氏名	郵便番号	住所1	住所2
1	山田一郎			
2	鈴木一郎			
3	山田次郎			
4	鈴木三郎			
5	鈴木次郎			
6	木村花子	116-1111	神奈川県横浜市都筑区3丁目	5-4　技評ビル205
7	佐々木花子	118-1111	東京都練馬区2丁目	3-1-303
8	佐々木聡子	119-1111	東京都北区4丁目	3-5-505
9	木村一郎	120-1111	神奈川県横浜市青葉区2丁目	2-22-101

20○○年度入学者名簿

平成○○年5月3日(水)

株式会社技術評論社　技術太郎

No.	氏名	郵便番号	住所1	住所2
1	山田一郎			21-13
2	鈴木一郎			15-9　技術ビル3F
3	山田次郎			24-2-203
4	鈴木三郎	114-1111	東京都新宿区1丁目	1-15
5	鈴木次郎	115-1111	東京都新宿区4丁目	2-23-2
6	木村花子	116-1111	神奈川県横浜市都筑区3丁目	5-4　技評ビル205
7	佐々木花子	118-1111	東京都練馬区2丁目	3-1-303
8	佐々木聡子	119-1111	東京都北区4丁目	3-5-505
9	木村一郎	120-1111	神奈川県横浜市青葉区2丁目	2-22-101

セルを結合して解決！

SUMMARY

エクセルでは、複数のセルを結合して１つのセルとして扱うことができる

セルを選択して結合する

では、実際にセルを結合してみよう。ここでは、タイトルを入力したセル、制作者を入力したセル、そして制作日時を入力したセルを、表の横幅にあわせて結合する。

まず結合したいセルをすべて選択する。ここでは、表のタイトルを入れる範囲として、B2セルからF2セルまで選択しよう。選択したら、「ホーム」タブの「配置」グループにある、「セルを結合して中央揃え」ボタンをクリックする。これで、選択した範囲のセルが結合された。セルを結合すると、自動的に文字の配置も中央揃えとなる。

制作者と制作日時も同様に、それぞれ表の幅に合わせて範囲を選択し、同じ操作でセルを結合する。そのうえで、この2つのデータは表の右に揃えて設定したいため、56ページの方法で文字の配置を右揃えに設定しよう。これで、表のタイトル、制作者、制作日時がバランスよく配置された。

なお、セルの結合を解除したい場合は、結合したセルをクリックして、「セルを結合して中央揃え」ボタンを再度クリックする。これで、結合したセルをすべて元に戻すことができる。

セルを結合して文字揃えを設定する

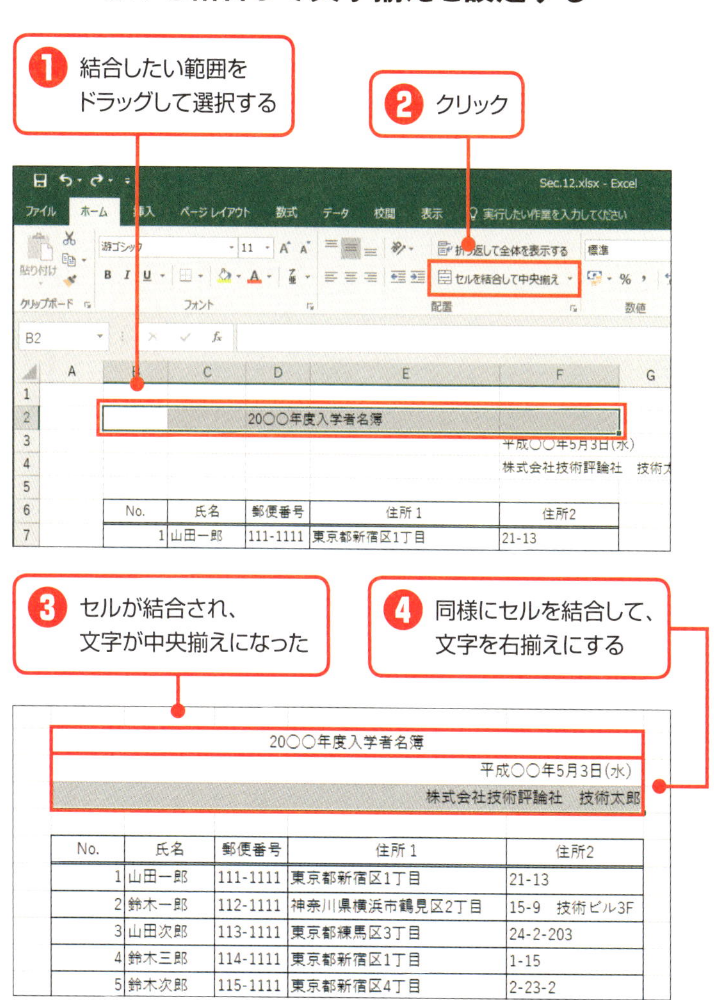

No.	氏名	郵便番号	住所1	住所2
1	山田一郎	111-1111	東京都新宿区1丁目	21-13
2	鈴木一郎	112-1111	神奈川県横浜市鶴見区2丁目	15-9　技術ビル3F
3	山田次郎	113-1111	東京都練馬区3丁目	24-2-203
4	鈴木三郎	114-1111	東京都新宿区1丁目	1-15
5	鈴木次郎	115-1111	東京都新宿区4丁目	2-23-2

SECTION 13

文字の見た目や大きさを変更する ~フォントグループ

基本

そもそも「フォント」とは何か?

ひとくちに「文字」といっても、さまざまな見た目の文字がある。本や書類、新聞、ウェブサイトのテキストなどでも、いろいろな文字を見るだろう。たとえば、会社で使う書類などでよく使われるのは、硬いイメージの「明朝体」だ。一方、パソコンの画面などでよく見るのは「ゴシック体」だろう。こちらは親しみやすい印象がある。

このように、データの内容自体は一緒でも、文字のデザインや大きさを変えることで、見た目を変えることができる。こういったデータのことを、「フォント」と呼ぶ。具体的には、文字の見た目やスタイル、サイズなどをまとめたデータのことだ。

Excel 2016では、初期設定で「游ゴシック」というフォントが設定されている。フォントの種類やサイズ、デザインは自由に変えることができるので、作成中の表にはどのようなフォントが適しているか、工夫しながら設定していこう。

フォント=文字の見た目に関するデータ

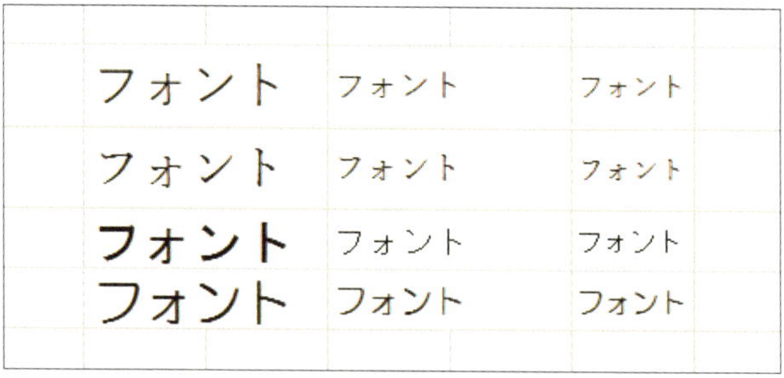

フォント	フォント	フォント
フォント	フォント	フォント
フォント	フォント	フォント
フォント	フォント	フォント

同じ文字データでも、さまざまな見た目の種類やサイズがある！

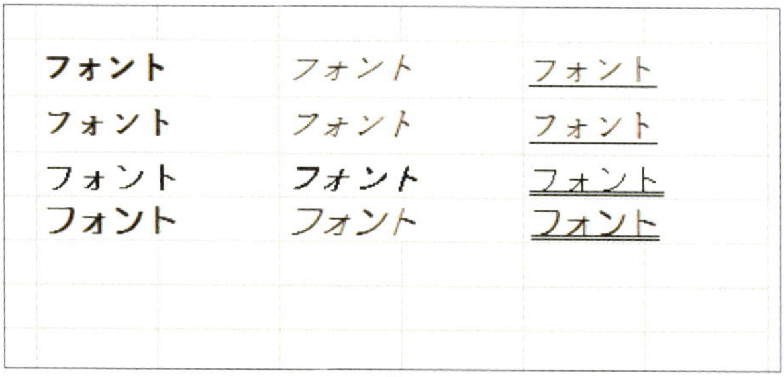

フォント	フォント	フォント
フォント	フォント	フォント
フォント	フォント	フォント
フォント	フォント	フォント

文字を太字や斜体にしたり、下線を引くこともできる

フォントの装飾にはいろいろな種類がある

では、エクセルでは、具体的にはフォントでどのようなことを変更できるのだろうか。「ホーム」タブの「フォント」グループを見てみよう。

まずここでは、フォントの種類を変更することができる。フォントの種類は非常に多く用意されているので、適したものを探して使おう。

また、フォントサイズの変更も可能だ。1段階ずつサイズを変更したり、直接サイズを指定して変更できる。ほかにも、文字を太字にしたり、斜体にしたり、下線を引いたりもできる。文字を特に強調したいときなどには、便利な機能だ。

そして、種類やサイズだけでなく、文字の色の変更もできる。カラーの資料を作りたい場合などは、文字の色も工夫してみよう。

このように、「フォント」グループにはたくさんの機能が用意されている。これらの機能を使用すれば、文字にさまざまな装飾を加えることができる。しかし、あまり多くの装飾をし過ぎてもデータが見づらくなってしまい、逆効果だ。**必要最低限の設定をして**、見やすい表を作ることを心がけよう。

フォントで設定できること

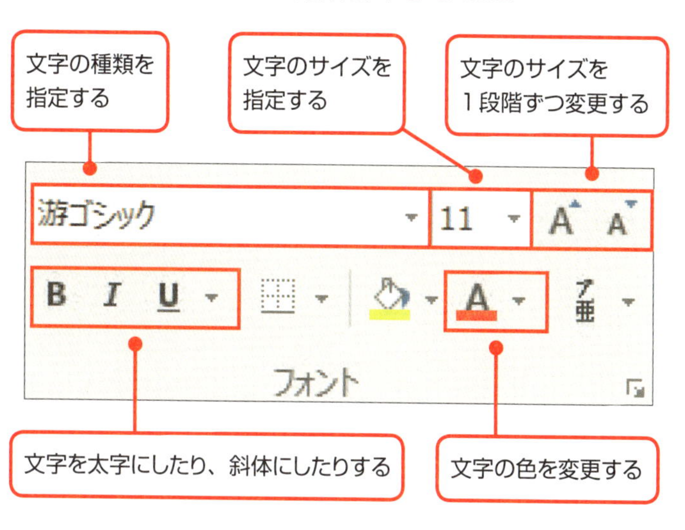

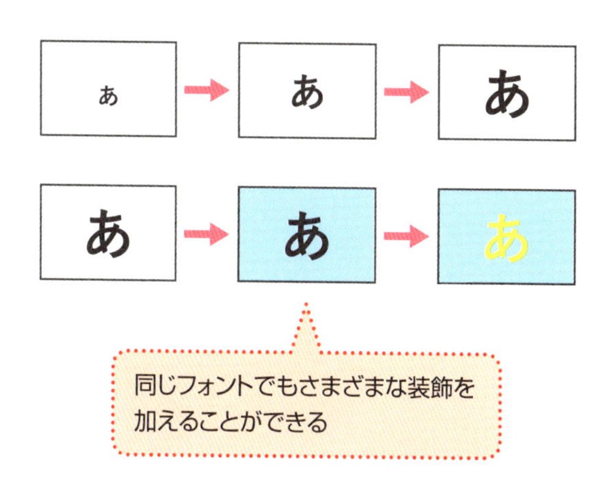

フォントの種類やサイズを変更する

作成中の住所録で、フォントの種類やサイズを変更してみよう。まず、住所録全体のフォントの種類を、初期設定された「游ゴシック」から「游明朝」へと変更したい。

列番号Aの左、行番号1の上の三角をクリックしよう。これですべてのセルが選択される。シートがすべて選択された状態で、「ホーム」タブの「フォント」グループにある、「フォント」ボタンをクリックする。表示されたリストから「游明朝」を選んでクリックしよう。これで住所録全体のフォントが変更された。

次は、表のタイトル部分のフォントを目立たせてみよう。タイトル部分のセルをクリックして選択する。表のタイトルの文字サイズは大きくしたいので、「フォントサイズ」ボタンをクリックして、「16」ポイントに設定した。さらに、「太字」ボタンをクリックして、太字にする。

たったこれだけの書式設定でも、かなりメリハリの付いた住所録となったのではないだろうか。どの列が何のデータかわかりやすくなった。

フォントの種類を変更する

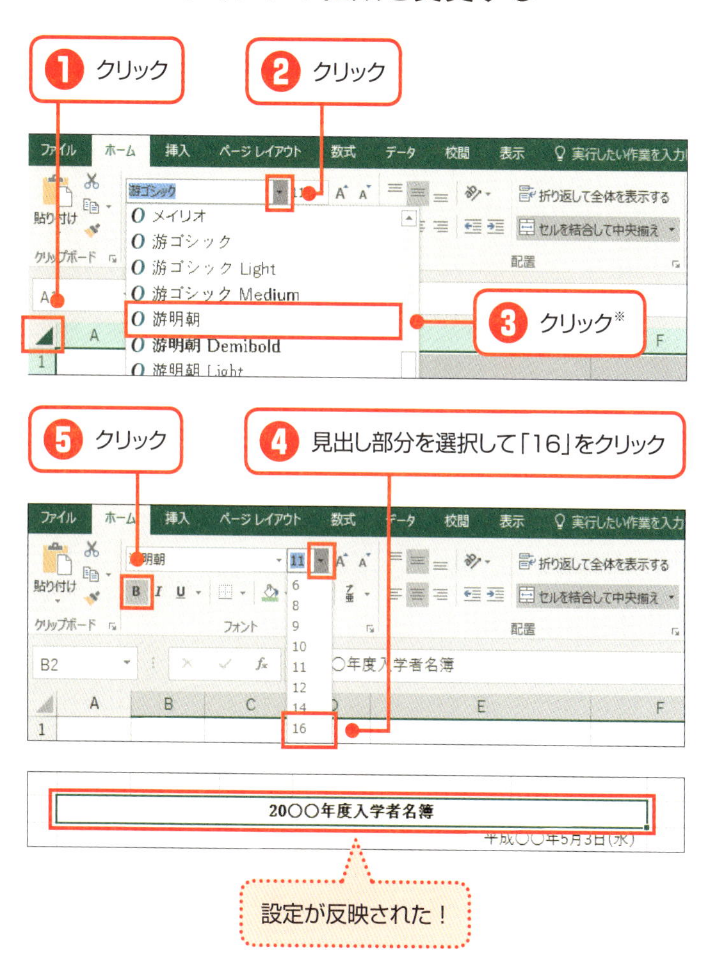

※游ゴシックと游明朝はMicrosoft Office 2016に含まれているフォント。Microsoft Office 2013/2010で利用するには次のURLからダウンロードする必要がある
https://www.microsoft.com/ja-jp/download/details.aspx?id=49116

SECTION 14

実践

セルの色を変えて見出しを目立たせる ～セルの塗りつぶし

見出しのセルに色を付ける

先ほどフォントの設定について解説したが、「フォント」グループには、「塗りつぶしの色」という機能がある。「塗りつぶしの色」を使うと、セルに色を付けることができる。

ところで、「塗りつぶしの色」はカラーパレットから選ぶのだが、このカラーパレットには、「テーマの色」と「標準の色」の2つが用意されている。この「テーマ」とは、**書式設定をひとまとめに設定している機能**だ。エクセルの初期設定では、シンプルな「Office」というテーマが指定されており、それに合わせたカラーが「テーマの色」に表示されている。

今回は見出しのセルに、「青、アクセント1 白+基本色80％」という色を付けてみる。セルの色は、文字の読みやすさに注意しながら、好きな色を設定するとよいだろう。

セルに色を付ける

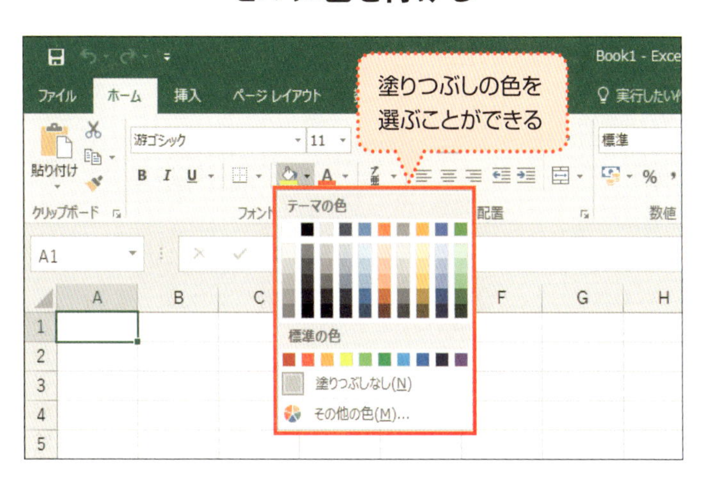

セルの色と文字のバランス

セルに色を付ける

では、住所録の見出し部分のセルに色を付けよう。セルに色を付けるときも、範囲指定を行ってからの操作となる。まずは見出しとなっているセル全体を選択する。

選択したら、「ホーム」タブのフォントグループにある、「塗りつぶしの色」ボタンを使用する。ボタンの右側の▼をクリックするとカラーパレットが展開するので、セルに付ける色を選択する。適当な場所をクリックして範囲選択を解除すると、見出しのセルに色が付いて見やすくなった。なお、見出し部分は66ページの方法で太字に設定する。

ところで、エクセルなどのOfficeソフトのリボンには、「リアルタイムプレビュー」という機能がある。これは、たとえば文字やセルの色を決定する際に、マウスカーソルをカラーパレットの上に乗せるだけで、実際のデータにどう色が付くのか、クリックして確定する前に、シート上で確認できる機能だ。

文字のサイズや種類を変更するときなども同様に、リアルタイムプレビューが機能する。リアルタイムプレビューを見ながら、色や文字サイズを決定するとよいだろう。

見出し部分のセルに色を付ける

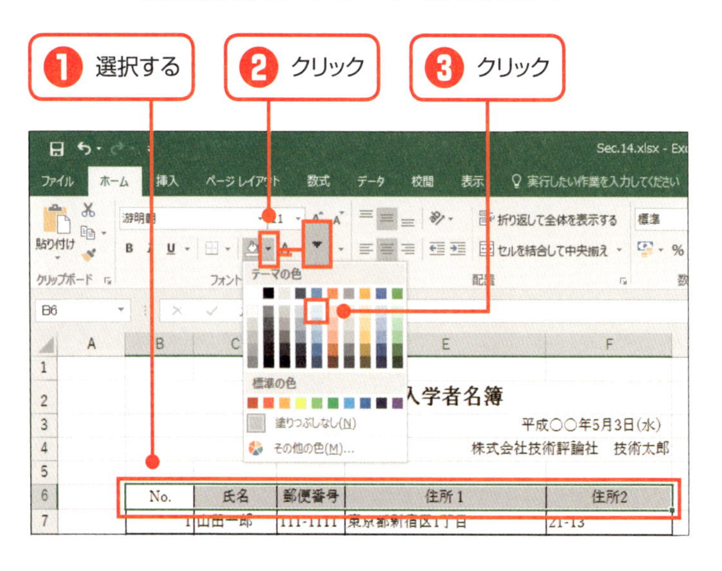

No.	氏名	郵便番号	住所 1	住所2
1	山田一郎	111-1111	東京都新宿区1丁目	21-13
2	鈴木一郎	112-1111	神奈川県横浜市鶴見区2丁目	15-9　技術ビル3F
			東京都練馬区3丁目	24-2-203
			東京都新宿区1丁目	1-15
			東京都新宿区4丁目	2-23-2
			神奈川県横浜市都筑区3丁目	5-4　技評ビル205
7	佐々木花子	118-1111	東京都練馬区2丁目	3-1-303
8	佐々木聡子	119-1111	東京都北区4丁目	3-5-505
9	木村一郎	120-1111	神奈川県横浜市青葉区2丁目	2-22-101

❺ 66ページの方法で太字に設定する

SECTION 15

表の完成後もデータは追加できる～行・列の挿入

実践

表の作成後にデータを追加する

ひと通り完成した表に、新たなデータを追加したいこともあるだろう。その場合、どうしたらよいだろうか？

表の最後の行に、1件、また1件と追記していくと、そのたびに罫線を引き直して、表の体裁を整え直さなくてはならない。また、すでに入力されているデータの間に新しいデータを追加したい場合、ひとつひとつデータを書き直さなければならなくなってしまい、とても面倒だ。

そこで、**行・列の挿入**機能を使用する。エクセルでは行（列）を選択して、挿入したい場所に好きなだけ追加することができるのだ。元の表に罫線を含む書式が設定されている場合、追加する行（列）にもその書式が反映されるので便利だ。

それでは、完成した表にデータを1件追加することを想定して、どのように表の中のデータを更新していくのか、確認しよう。

表にデータを追加するにはどうする？

No.	氏名	郵便番号	住所1	住所2
1	山田一郎	111-1111	東京都新宿区1丁目	21-13
2	鈴木一郎	112-1111	神奈川県横浜市鶴見区2丁目	15-9　技術ビル3F
3	山田次郎	113-1111	東京都練馬区3丁目	24-2-203
4	鈴木三郎	114-1111	東京都新宿区1丁目	1-15
5	鈴木次郎	115-1111	東京都新宿区4丁目	2-23-2
6	木村花子	116-1111	神奈川県横浜市都筑区3丁目	5-4　技評ビル205
7	佐々木花子	118-1111	東京都練馬区2丁目	3-1-303
8	佐々木聡子	119-1111	東京都北区4丁目	3-5-505
9	木村一郎	120-1111	神奈川県横浜市青葉区2丁目	2-22-101
	伊藤一郎	121-1111	東京都新宿区2丁目	3-45

表の下にデータを付け加えていくと、
修正作業に手間がかかる！

行・列の挿入で解決！

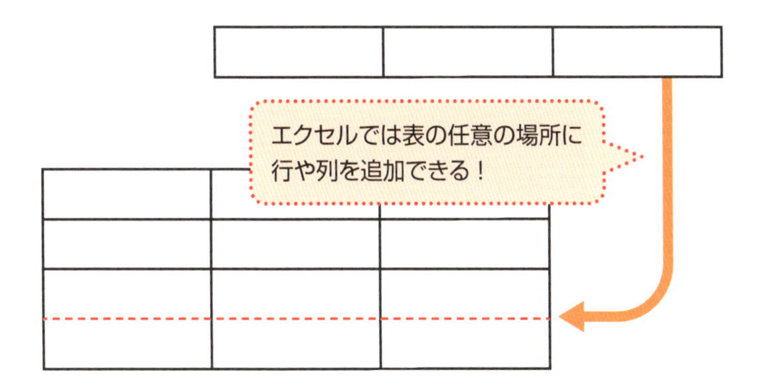

行・列を挿入する

それでは、完成した住所録に行を挿入してみよう。ここでは、「佐々木花子」さんの下に「伊藤一郎」さんを追加したい。まずは、行を追加したい部分（行を挿入したい部分の1つ下）をクリックして選択しよう。この場合は表の14行目を選択することになる。

行を選択したら、「ホーム」タブの「セル」グループにある、「挿入」ボタンを利用する。このボタンをクリックしてみよう。あっという間に1行追加できた。追加した行には罫線も引かれていることがわかる。

ただし、挿入された行には引き継がれないものもある。挿入後のNo.列を見てみよう。列を挿入したことによって、空白行が存在したため連番が崩れてしまっている。ここは再度、オートフィルによって修正しなければならない（44ページ参照）。

とはいえ、オートフィルはかんたんに設定することができるので、データを入れ替えたり、罫線などを再設定することに比べれば、たいした作業量ではないだろう。

なお、行の追加と同じ操作で、列を追加することもできる。これで、表の完成後もデータの追加をかんたんに行うことができるだろう。

表に行を挿入する

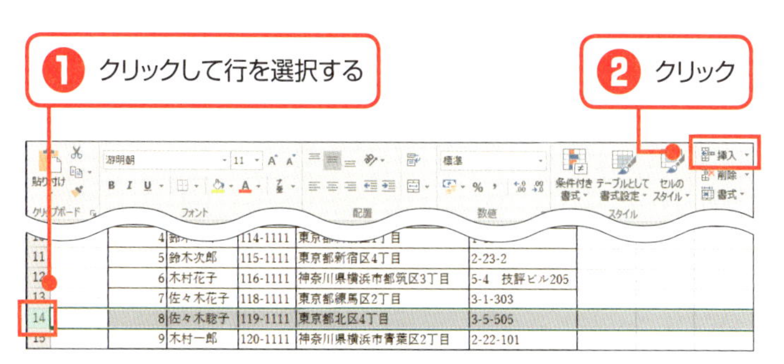

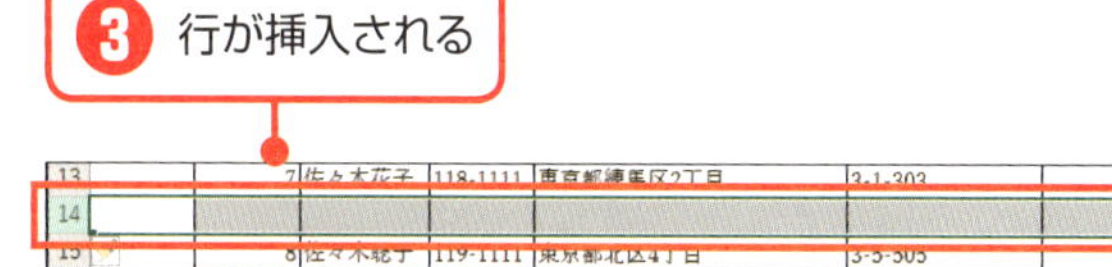

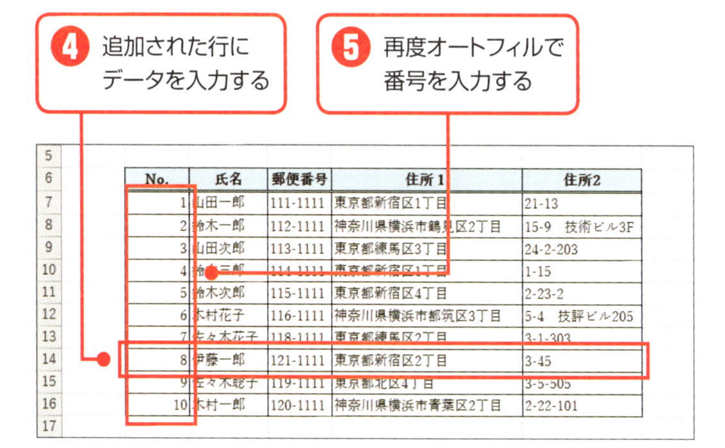

No.	氏名	郵便番号	住所1	住所2
1	山田一郎	111-1111	東京都新宿区1丁目	21-13
2	鈴木一郎	112-1111	神奈川県横浜市鶴見区2丁目	15-9　技術ビル3F
3	山田次郎	113-1111	東京都練馬区3丁目	24-2-203
4	鈴木三郎	114-1111	東京都新宿区1丁目	1-15
5	鈴木次郎	115-1111	東京都新宿区4丁目	2-23-2
6	木村花子	116-1111	神奈川県横浜市都筑区3丁目	5-4　技評ビル205
7	佐々木花子	118-1111	東京都練馬区2丁目	3-1-303
8	伊藤一郎	121-1111	東京都新宿区2丁目	3-45
9	佐々木聡子	119-1111	東京都北区4丁目	3-5-505
10	木村一郎	120-1111	神奈川県横浜市青葉区2丁目	2-22-101

SECTION 16

間違えたデータを追加した場合は削除する　～行・列の削除

実践

行・列の削除を行う

表の作成をしていると、間違えて行や列を挿入してしまったり、不要となった行・列を削除したい場合も出てくる。そこで、行（列）の挿入とセットで覚えておきたいのが、行（列）の削除の方法だ。

行を削除する場合、削除したい行をクリックして選択する。続いて、「ホーム」タブの「セル」グループにある「削除」ボタンをクリックする。これで完了だ。

行を追加した場合と同様、オートフィルで入力していた番号は再度入力し直さなくてはならない。「1」が入力されているセルのフィルハンドルを、表の最後までドラッグしよう。あとは「連続データ」を選ぶだけだ。

この操作は、オートフィルで入力したいセルの、左右どちらかにデータが入力されている場合に使用することができる。覚えておくと便利な操作だ。

行を削除する

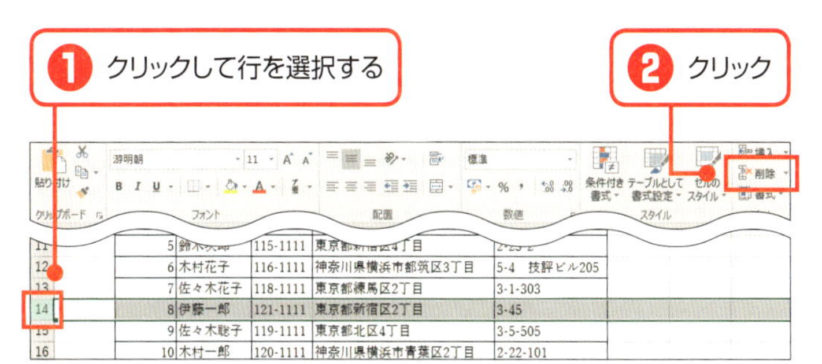
1 クリックして行を選択する
2 クリック
削除

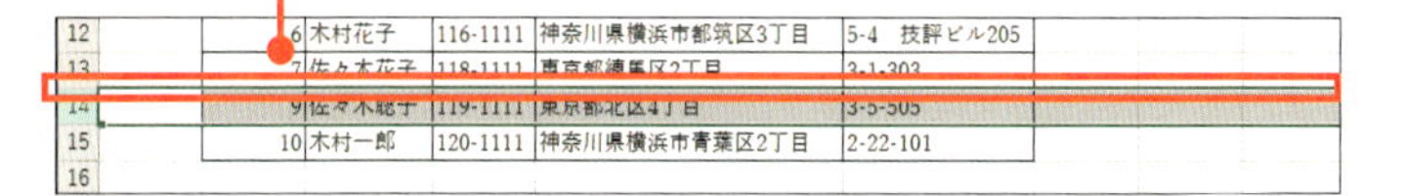
3 選択した行が削除された

4 オートフィルで番号を入力する
No.
氏名
郵便番号
住所1
住所2
セルのコピー(C)
連続データ(S)
書式のみコピー (フィル)(F)
5 連続データをクリック

右クリックで行・列の挿入／削除

なお、行・列の挿入や削除は、マウスの右クリックでも可能な操作だ。たとえば、行の削除の場合、削除したい行を選択して、行番号の上を右クリックする。表示される項目の中から、「削除」をクリックすれば、行の削除ができる。行の挿入も同じようにして、「挿入」をクリックすればよい。列の挿入・削除も同様だ。これで、表が完成したあとも、表の体裁を崩さずにデータを追加したり削除したりできる。

この章で解説した操作ができれば、基本的な表の作成は問題なくできるだろう。

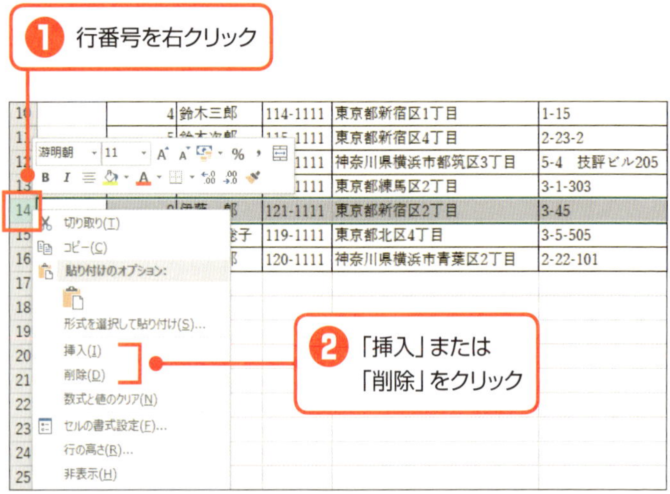

❶ 行番号を右クリック

❷ 「挿入」または「削除」をクリック

3章

表計算の基本を完全理解

SECTION 17

表に式を入力して計算する ～エクセルの数式

基本

セルには数式を入力すると計算できる！

第3章では、エクセルの表での計算について学ぼう。

エクセルでは、セルに文字や数字をデータとして入力するだけでなく、計算式を入力して、計算することができる。これはエクセルの大きな特徴のひとつだ。表作成の際、電卓を使って答えを求めるよりも、エクセルを使って計算すれば、正確に、短時間で答えを求められる。

具体的な例を見てみよう。左ページの例を見てほしい。セルに「＝２＋３」と入力して、Enterキーを押した。すると、セルには「５」という数字が表示された。これは、**入力された数式の答えがセルに表示された**ことになる。このように、数式を入力するだけで、自動で計算をしてくれるのだ。

入力した数式は、数式バーに表示されているので、数式の確認はここをチェックすればよい。

エクセルの表で計算する

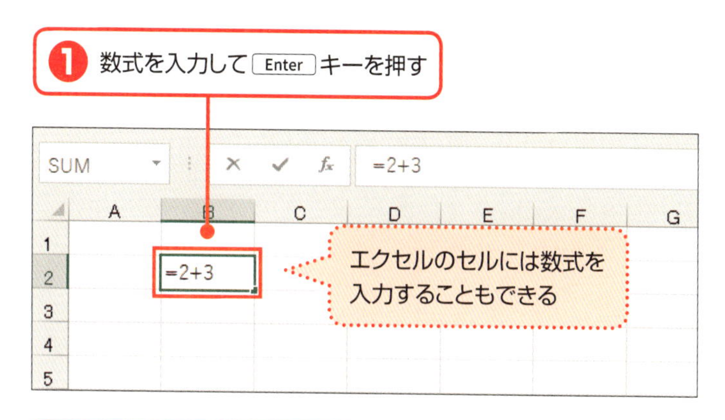

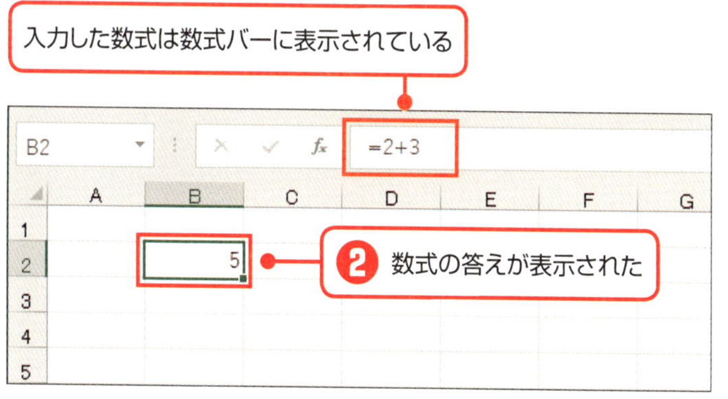

SUMMARY

➡ 数式を入力したセルには、その答えが表示される

四則演算を行う

では、実際にエクセルで四則演算を行ってみよう。

まずは、エクセルで使う数式は、「=(イコール)」を先頭に入力する。そのあとに、数字と符号を入力していけばよい。足し算は「+」、引き算は「−」、掛け算は「*」、割り算は「/」という符号になる。掛け算と割り算は、いつも使っている計算とは符号が違うので、間違えないように注意しよう。

実際に入力してみよう。ここでは、20×10の答えを求めたい。まずセルに、「=」を入力する。続いて「20」「*」「10」と入力していく。「=20*10」と入力できた。これで Enter キーを押そう。答えの「200」がセルに表示されたはずだ。

先ほど解説したように、数式は数式バーに表示されている。セルには計算結果しか表示されないので気を付けよう。

なお、数式はすべて半角英数の入力モードで入力する。エクセルの作業中は入力モードの切り替えも多いため、数式を入力する際には入力モードを確認しよう。

エクセルで行う四則演算

= 2 + 3

数式はまず =（イコール）から

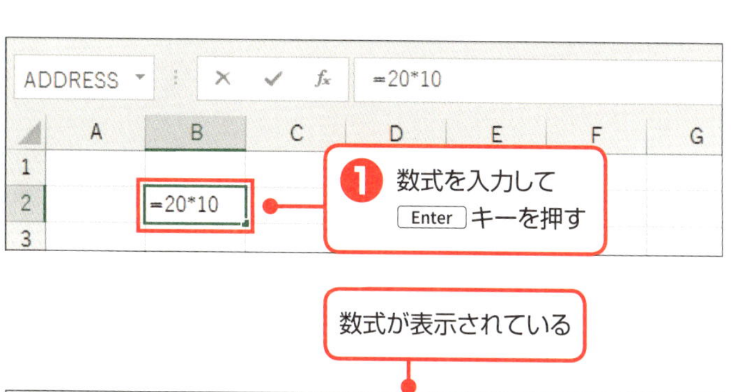

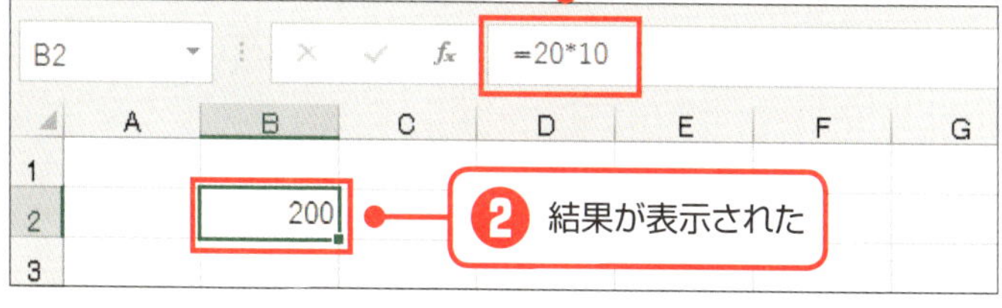

特定のセルを指定して計算する

ここまで、セルに直接数式を入力して計算する方法を解説した。だが、実際に表を作ることを考えると、毎回数値を入力して計算するのは面倒だ。桁数が多い数値では、間違いが起きることもある。このようなときには、どうしたらよいだろうか？

こういった問題を解決するには、**セル番地を指定して計算**すればよい。エクセルでは、数式に直接数値を入力するだけでなく、数値の代わりにセル番地を入力することで、そのセルに入っているデータを使って計算することができるのだ。セル番地については、20ページで解説した通り、ひとつひとつのセルの場所を表す呼び方だ。

具体的な例を見てみよう。左ページでは、A2セルに「10」、C2セルに「5」と入っている。この2つのセルのデータを掛け合わせた結果を、D2セルに表示したい。

そこで、D2セルに数式を入力していく。「＝A2＊C2」と式を入力してみよう。これで Enter キーを押すと、D2セルに「50」という結果が表示されるはずだ。

このように、式の中でセル番地を指定することを、「**セル参照**」という。エクセルの計算では非常に多く使われる重要な操作なので、覚えておこう。

セルを参照して計算する

指定したセルのデータを使用して計算することができる

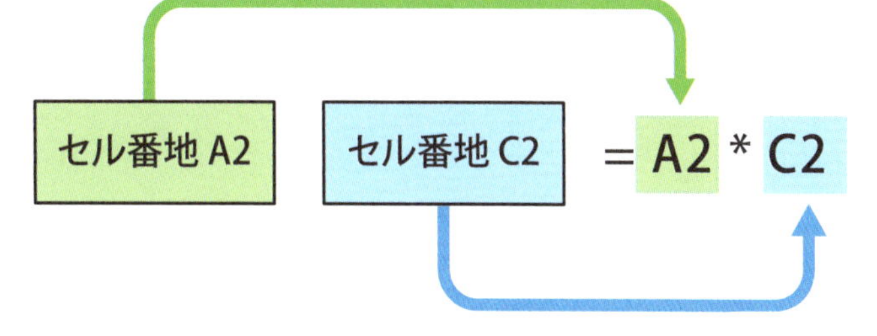

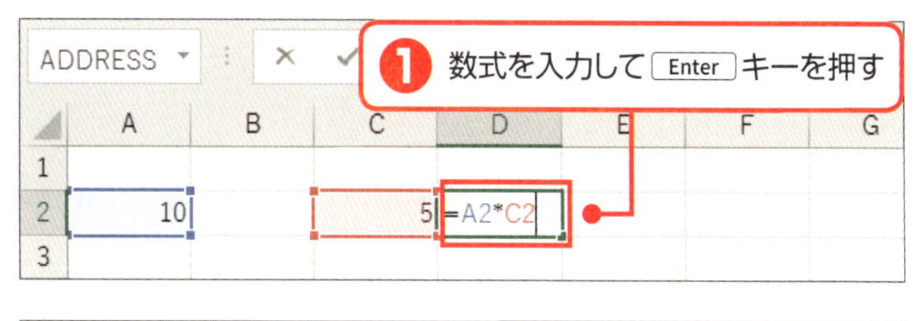

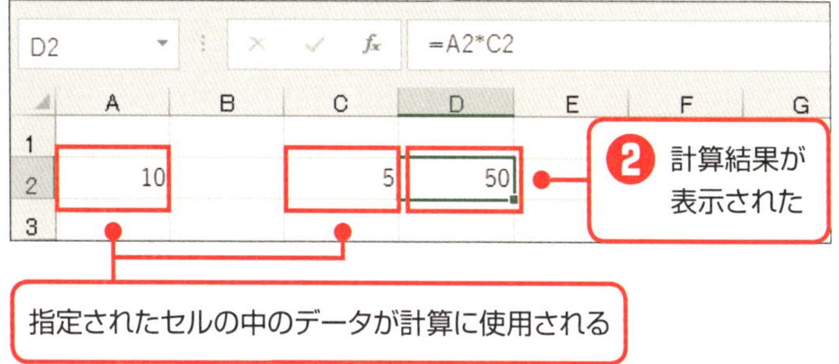

売上表に計算式を入力する

では、実際に左ページの売上表を見ながら、数式を入力してみよう。この売上表では、扱っている数値の桁数も多く、入力されているセルも多い。ここでは、セルを参照した計算式を入力していこう。

ここでは、チョコレートケーキの第1四半期売上を計算したい。表を見ればわかるように、チョコレートケーキの第1四半期の売上はI6セルに表示したいため、ここに数式を入力していく。最初に「＝(イコール)」を入力。そのあと、4月の売上が入力されているC6セルをクリックしよう。イコールのあとに、「C6」と自動入力された。続いて、「＋」を入力する。そのあと、5月売上のE6セルをクリックして「＋」を入力、6月売上のG6セルをクリックして入力すれば完成だ。「＝C6＋E6＋G6」という式が入力されたはずだ。これで Enter キーを押せば、合計がI6セルに表示される。

同様の操作で数式を入力していけば、チョコレートケーキの第1四半期の原価をJ6セルに求めることもできる。

セル番地を指定して計算すれば、データを修正する必要があった場合でも、数式そのものを修正する必要がないので便利だ。

数式を入力して計算する

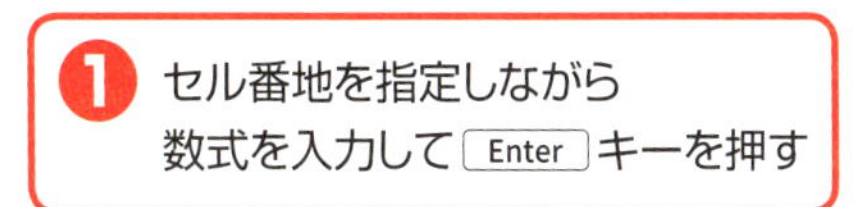

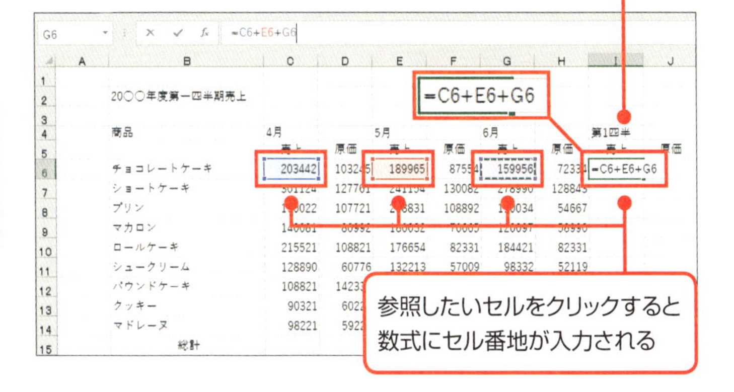

2 第１四半期の売上が求められた

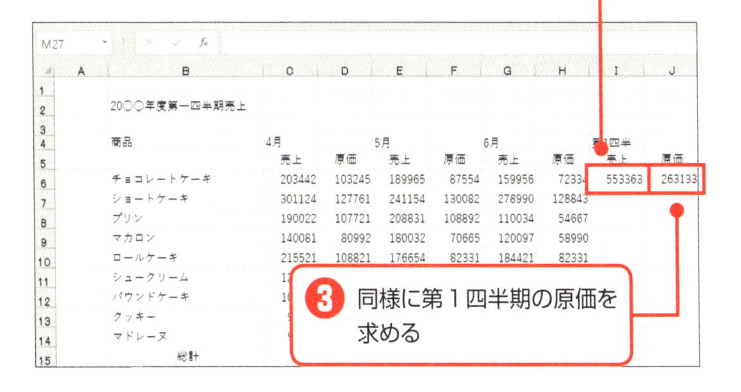

SECTION 18

実践

合計は関数を使って正確に求める ~SUM関数

関数はどんなことができる?

数式を使うことで計算をかんたんに行えるようになった。しかし、足し算をしなければならないデータが、いくつもあった場合はどうだろう? ひとつひとつのセルを参照しながら数式を入力するのは大変な手間だ。

そこで、「**関数**」の出番だ。関数とは、計算や処理をあらかじめひとまとめにした数式のようなものだ。その機能には、さまざまな種類がある。たとえば、複数のセルのデータを合計する関数や、平均を求める関数がある。関数にはそれぞれ名前が付いており、合計する関数は「SUM(サム)関数」と呼ばれている。

関数があれば、四則演算では複雑になってしまう計算や、それ以上に複雑な処理を、あっという間に行うことができる。関数はエクセルを使いこなすうえでキモともいえる重要な機能だ。次から、SUM関数を例に関数について解説していこう。

関数は便利な機能！

関数を使うことで、さまざまな複雑な処理をかんたんに行うことができる

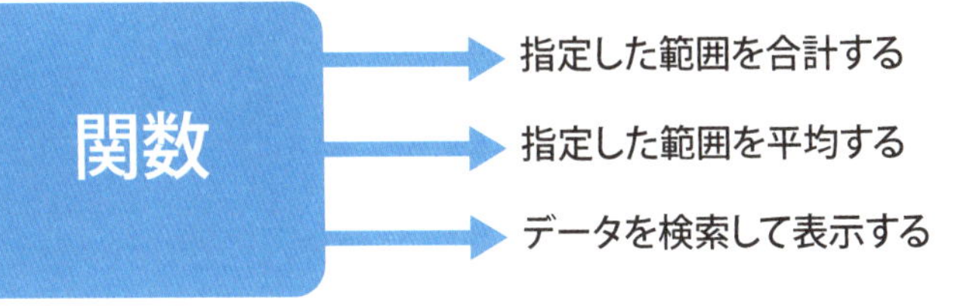

関数ってなに？

同じ計算をするのでも、関数のほうがかんたんに行うことができる！

数式の場合

=A2+B2+C2+D2+E2+F2+G2+H2+…Z2

関数の場合

=SUM(A2:Z2)

関数のしくみを知る

では、関数のしくみについて解説していこう。左ページにあるのが、SUM関数の式だ。見た通り、関数は数式と似ている。数式と同じように、必ず**イコールから開始し、そのあとに、関数の名前を入力**する。

関数名のあとの括弧の中に、関数の計算に必要な情報を入力する。この括弧内に入力するものを「**引数**（ひきすう）」と呼ぶ。具体的に引数に何を入力するかは関数によって異なるが、SUM関数では、合計したいデータがあるセル番地を入力する。

左ページの上の式では、引数に「C6」「E6」「G6」の3つが入力されている。このように、引数を区切るときにはカンマを入力する。これで、このSUM関数は「= C6 + E6 + G6」と同じ意味の関数となった。

また、ひとつひとつセルを指定していくだけでなく、一定の範囲をまとめて指定することも可能だ。左ページの下の「= SUM (C6 : C14)」を見てほしい。カンマの代わりにコロンが使われているのがわかるだろうか。これは、「C6」から「C14」までの、9つのセルをすべて指定していることになる。「= C6 + C7 + C8…」とひとつひとつセルを指定して数式を入力するよりも、はるかにすばやく計算ができるのだ。関数によって計算の手間がどれだけ省けるか、わかってもらえたのではないだろうか。

関数の書式

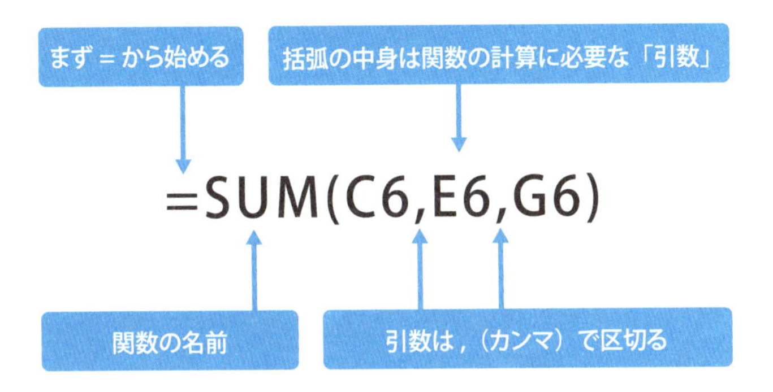

範囲をまとめて指定する

=SUM(C6:C14)

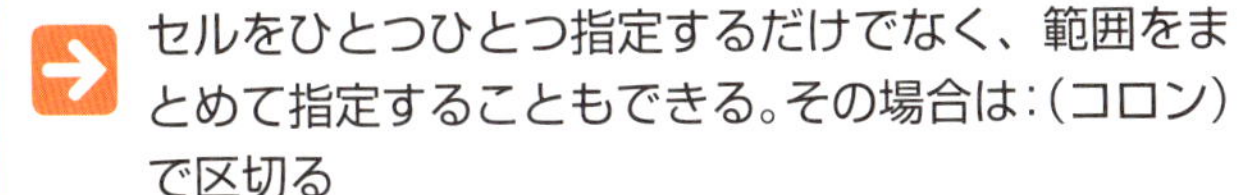

SUMMARY

➔ セルをひとつひとつ指定するだけでなく、範囲をまとめて指定することもできる。その場合は：（コロン）で区切る

SUM関数を挿入する

それでは実際にSUM関数を入力してみよう。

さて、関数を入力するといっても、どうやって入力すればよいのだろう？ 直接手で入力する方法もあるが、SUM関数の場合、かんたんに入力できる機能がある。それが「Σ（シグマ）」ボタンだ。

このボタンは、「数式」タブの「関数ライブラリ」グループの中にある。大きく「Σ」と表示されているので、すぐに見つけられるだろう。このボタンをクリックするだけで、SUM関数を入力することができる。

では、実際に合計を求めてみよう。まずは合計を表示させたいセルをクリックして、「数式」タブの「Σ」ボタンをクリックする。すると、合計したいセルの範囲に点線が表示される。その範囲が間違っていないことを確認して、Enterキーを押す。たったこれだけで合計が求められた。数式バーを確認してみると、入力したSUM関数が表示されていることがわかる。

なお、合計する範囲を変更したい場合は、関数を入力したセルをダブルクリックして、点線の範囲をドラッグ操作で変更する。

関数を挿入する

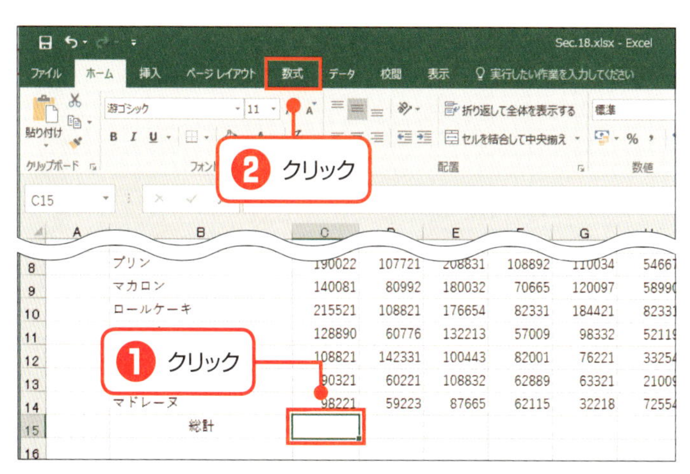

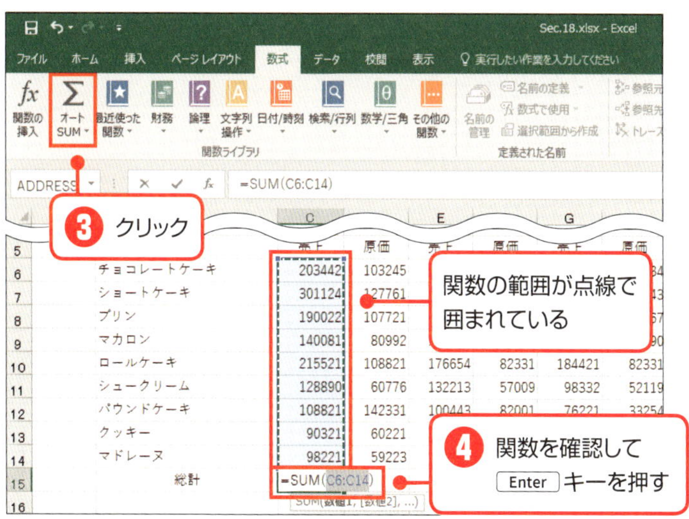

SECTION
19

1度入力した数式や関数はコピーして再利用

実践

関数はコピーして利用することができる！

数式や関数を入力して、エクセルでいろいろな計算ができるようになった。

ところで、左ページを見てほしい。表には4月の売上の総計のほかにも、各月の売上・原価の総計や各商品の売上・原価・利益の総計など、数式やSUM関数を入れるべき場所がまだたくさんある。これらの場所に、いちいち数式や関数を入力するのも面倒だ。

そこで思い出してほしいのが、44ページで解説した「オートフィル」だ。オートフィルを使うことで、セルのデータをコピーすることができた。実はデータと同様、数式や関数もコピーすることができるのである。

オートフィルを利用してコピーすれば、数式や関数を一度入力しただけで、複数のセルでかんたんに計算することができる。これはエクセルの表計算ソフトとしての大きな特徴だろう。

それでは次ページから、数式や関数をコピーしていく方法を解説していこう。

数式・関数はコピーできる！

売上・原価・利益をコピーして表示する

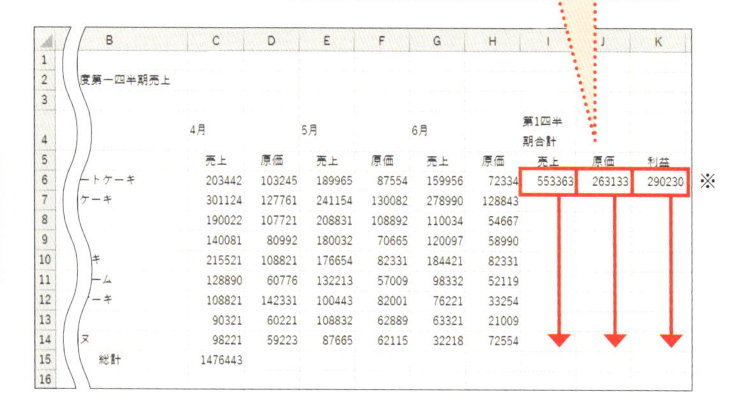

	B	C	D	E	F	G	H	I	J	K
1										
2	度第一四半期売上									
3										
4		4月		5月		6月		第1四半期合計		
5		売上	原価	売上	原価	売上	原価	売上	原価	利益
6	ートケーキ	203442	103245	189965	87554	159956	72334	553363	263133	290230
7	ケーキ	301124	127761	241154	130082	278990	128843			
8		190022	107721	208831	108892	110034	54667			
9		140081	80992	180032	70665	120097	58990			
10	キ	215521	108821	176654	82331	184421	82331			
11	ーム	128890	60776	132213	57009	98332	52119			
12	ーキ	108821	142331	100443	82001	76221	33254			
13		90321	60221	108832	62889	63321	21009			
14	ヌ	98221	59223	87665	62115	32218	72554			
15	総計	1476443								
16										

※

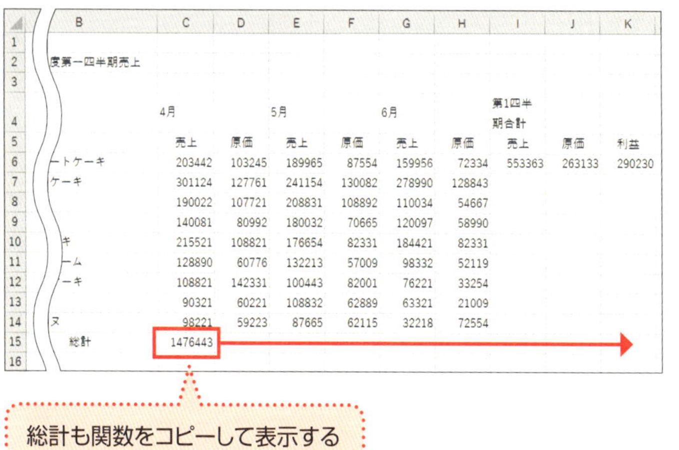

	B	C	D	E	F	G	H	I	J	K
1										
2	度第一四半期売上									
3										
4		4月		5月		6月		第1四半期合計		
5		売上	原価	売上	原価	売上	原価	売上	原価	利益
6	ートケーキ	203442	103245	189965	87554	159956	72334	553363	263133	290230
7	ケーキ	301124	127761	241154	130082	278990	128843			
8		190022	107721	208831	108892	110034	54667			
9		140081	80992	180032	70665	120097	58990			
10	キ	215521	108821	176654	82331	184421	82331			
11	ーム	128890	60776	132213	57009	98332	52119			
12	ーキ	108821	142331	100443	82001	76221	33254			
13		90321	60221	108832	62889	63321	21009			
14	ヌ	98221	59223	87665	62115	32218	72554			
15	総計	1476443								
16										

総計も関数をコピーして表示する

※利益を求めるために、K6セルには「=I6－J6」という数式が入力されている

数式をコピーする

では、作成中の売上表で、数式や関数をコピーしてみよう。

第1四半期の売上・原価・利益には、それぞれ四則演算で求めた数式が入力されている。まずはここをコピーすることから始めよう。

第1四半期の売上の合計が表示されているI6セルをクリックする。そのうえで、右下に表示されているフィルハンドルを、I14セルまでドラッグする。そうすると、ドラッグしたところに一度に数字が表示されたはずだ。これは、I6セルに入力していた足し算が、I7、I8…とコピーされたということである。これによって、

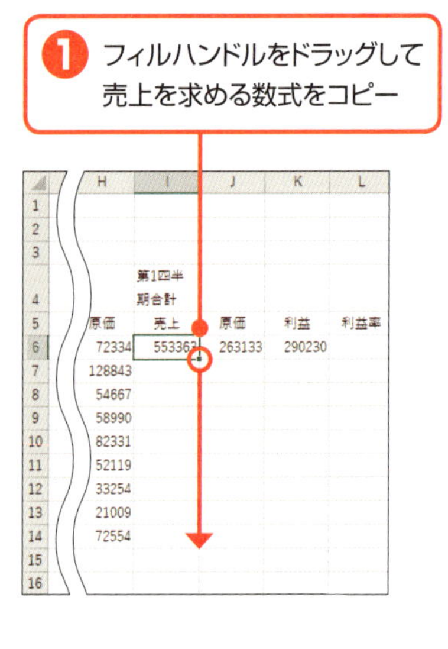

2 原価と利益を求める数式も同様にコピー

	H	I	J	K	L
4		第1四半期合計			
5	原価	売上	原価	利益	利益率
6	72334	553363	263133	290230	
7	128843	821268			
8	54667	508887			
9	58990	440210			
10	82331	576596			
11	52119	359435			
12	33254	285485			
13	21009	262474			
14	72554	218104			

各商品の第1四半期の売上の合計が求められたのだ。

同じように、売上の右隣にある原価と利益についても、それぞれ数式をコピーしておこう。まずJ6セルをクリックして、オートフィルでJ14セルまでコピーして、各商品の原価を求める。そのうえで、K6セルの数式をK14セルまでコピーして、各商品の利益を求める。これで各商品の第1四半期の、売上・原価・利益が求められた。なお、各商品の利益は、売上から原価を引くことで計算しているので、必ず先に売上と原価の合計を、コピーして計算しておこう。

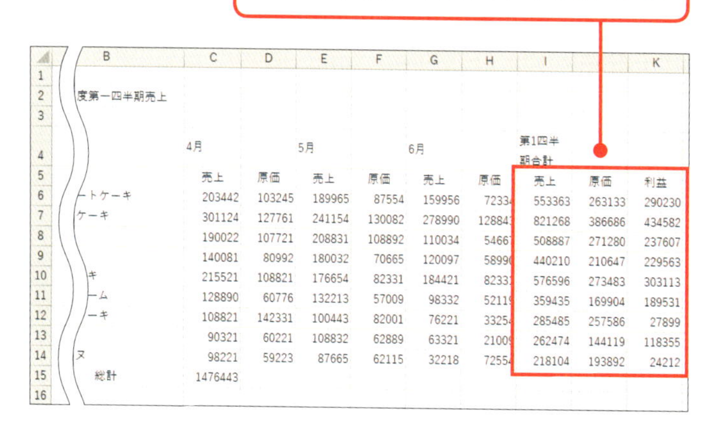

	B	C	D	E	F	G	H	I	J	K
1										
2	度第一四半期売上									
3										
4		4月		5月		6月		第1四半期合計		
5		売上	原価	売上	原価	売上	原価	売上	原価	利益
6	ートケーキ	203442	103245	189965	87554	159956	72334	553363	263133	290230
7	ケーキ	301124	127761	241154	130082	278990	128843	821268	386686	434582
8		190022	107721	208831	108892	110034	54667	508887	271280	237607
9		140081	80992	180032	70665	120097	58990	440210	210647	229563
10	キ	215521	108821	176654	82331	184421	82331	576596	273483	303113
11	ーム	128890	60776	132213	57009	98332	52119	359435	169904	189531
12	ーキ	108821	142331	100443	82001	76221	33254	285485	257586	27899
13		90321	60221	108832	62889	63321	21009	262474	144119	118355
14	ヌ	98221	59223	87665	62115	32218	72554	218104	193892	24212
15	総計	1476443								
16										

関数もコピーできる

さて、96ページでは、各商品の第1四半期の売上・原価・利益を求めた。これはそれぞれに入力されていた足し算や引き算の数式をコピーして求められたが、今度は関数もコピーしてみよう。

左ページの例を見てみると、4月の売上の合計が表示されている。これは、92ページで解説した通り、ＳＵＭ関数を入力して合計を求めていた。この関数をコピーしたら、各月及び第1四半期の売上や原価の合計を、一気に求めることができそうだ。

数式であっても関数であっても、コピーの方法は変わらない。4月の売上の合計が表示されているC15セルをクリックして、右下に表示されているフィルハンドルを、K15セルまでドラッグしていこう。すると、ドラッグしたセルに、次々と数字が表示されていくはずだ。

このように、数式や関数はコピーして使用することができる。同じような範囲を、同じように計算する箇所があったら、数式をコピーすることで、数式を何度も手入力する手間を省くことができる。

関数をコピーする

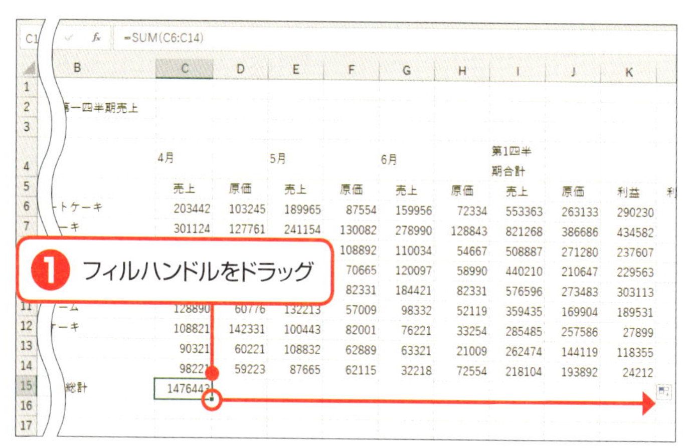

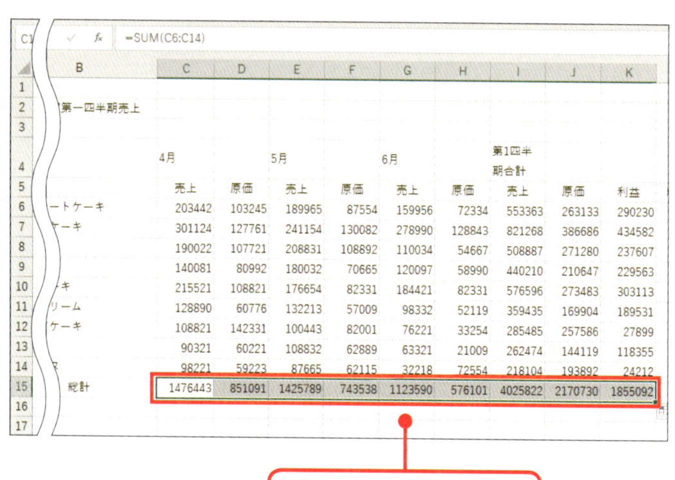

SECTION 20

実践

どうして数式のコピーができたのか？ ～相対参照

数式や関数のコピーはどのようなしくみで行われている？

さて、94ページから99ページにかけて、数式や関数のコピーを行った。ところで、コピー元の数式がそのままコピーされては、コピー先でもずっと同じ答えが表示されてしまう。しかし、答えは正しく表示されていた。では、いったいどういったしくみで、コピー先でも正しい計算結果を表示させているのだろうか？

そこで、左ページの例を見てみよう。I6セルに入力された数式と、その数式をコピーしたI7セルの数式を見てみる。I6セルには「=C6+E6+G6」と入力されているが、I7セルには「=C7+E7+G7」と入力されている。それぞれの括弧の中を見比べてほしい。おわかりだろうか。何と、数式の範囲がずれているのだ！

このように、数式をコピーすると、コピーした方向に合わせて、**計算の範囲も自動的に移動する**。この機能によって、数式をコピーしても正しい答えを求めることができるのだ。

数式の変化に注目！

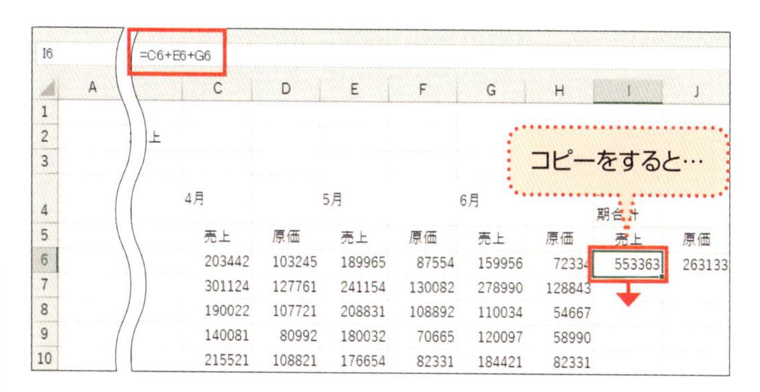

I6 | =C6+E6+G6

	A	C	D	E	F	G	H	I	J
1									
2	上								
3									
4		4月		5月		6月		期合計	
5		売上	原価	売上	原価	売上	原価	売上	原価
6		203442	103245	189965	87554	159956	72334	553363	263133
7		301124	127761	241154	130082	278990	128843		
8		190022	107721	208831	108892	110034	54667		
9		140081	80992	180032	70665	120097	58990		
10		215521	108821	176654	82331	184421	82331		

数式のセル番地が変化した！

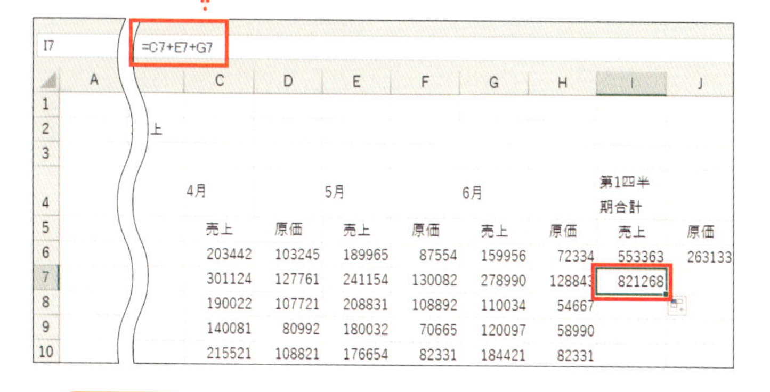

I7 | =C7+E7+G7

	A	C	D	E	F	G	H	I	J
1									
2	上								
3									
4		4月		5月		6月		第1四半期合計	
5		売上	原価	売上	原価	売上	原価	売上	原価
6		203442	103245	189965	87554	159956	72334	553363	263133
7		301124	127761	241154	130082	278990	128843	821268	
8		190022	107721	208831	108892	110034	54667		
9		140081	80992	180032	70665	120097	58990		
10		215521	108821	176654	82331	184421	82331		

SUMMARY

→ 数式をコピーすると、コピーした方向に合わせて、自動で参照するセルの範囲が変化する

コピーすると範囲もずれる

先ほどは、I6とI7の2つのセルを見比べてみたが、ほかのセルも確認してみよう。同じI列のI8セルやI9セルに入力された数式を見てみても、計算の範囲がずれていることがわかるだろう。J列やK列でコピーした数式についても同様だ。どの数式も、コピーした先で範囲が正しく変わっていることがわかる。これによって、正しい計算結果が表示されているのだ。

では、関数のコピーのほうはどうだろうか？　C15セルには、4月の売上の合計を求めるためにSUM関数を入力しており、それをK15セルまでコピーしていた。今度はその中身も見てみよう。

C15セルに入力した関数は、「＝SUM（C6：C14）」となっていたが、その右隣D15セルの関数を見てみると、「＝SUM（D6：D14）」となっている。これも、括弧の中からわかる通り、関数の範囲がコピーによってずれている。それ以降のK15セルまでのコピーされた関数も、すべて関数の範囲がひとつずつずれていることがわかるはずだ。

数式や関数をコピーしても正しく結果が表示されるのは、自動で範囲が移動しているためなのである。

コピーすると数式が変化する

セル番地が自動で変化している！

=C6＋E6＋G6	=D6＋F6＋H6	=I6－J6
=C7＋E7＋G7	=D7＋F7＋H7	=I7－J7
=C8＋E8＋G8	=D8＋F9＋H9	=I8－J8
=C9＋E9＋G9	=D9＋F9＋H9	=I9－J9
⋮	⋮	⋮

SUM関数も同様に範囲が変化している

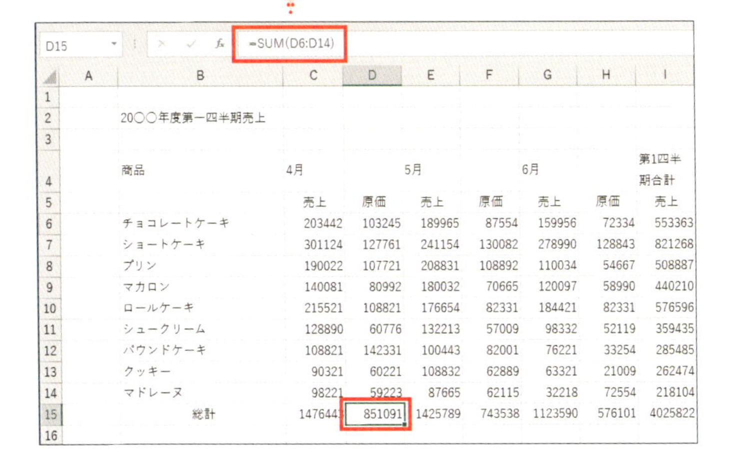

D15 =SUM(D6:D14)

	A	B	C	D	E	F	G	H	I
1									
2		20〇〇年度第一四半期売上							
3									
4		商品	4月		5月		6月		第1四半期合計
5			売上	原価	売上	原価	売上	原価	売上
6		チョコレートケーキ	203442	103245	189965	87554	159956	72334	553363
7		ショートケーキ	301124	127761	241154	130082	278990	128843	821268
8		プリン	190022	107721	208831	108892	110034	54667	508887
9		マカロン	140081	80992	180032	70665	120097	58990	440210
10		ロールケーキ	215521	108821	176654	82331	184421	82331	576596
11		シュークリーム	128890	60776	132213	57009	98332	52119	359435
12		パウンドケーキ	108821	142331	100443	82001	76221	33254	285485
13		クッキー	90321	60221	108832	62889	63321	21009	262474
14		マドレーヌ	98221	59223	87665	62115	32218	72554	218104
15		総計	1476443	851091	1425789	743538	1123590	576101	4025822
16									

相対参照によって範囲が変わる

さて、ここまで、数式や関数をコピーすると、範囲も自動的に移動することがわかった。この便利なエクセルのしくみを、「相対参照」と呼ぶ。数式や関数の参照先を、相対的に変化させるということだ。

相対参照のしくみについて、改めておさらいしてみよう。数式や関数をコピーすると、計算の範囲が自動で変化する。コピー先のセルが、コピー元のセルからどの方向にどれだけ移動しているかに合わせて、範囲も変化していることが重要だ。どういうことかというと、列方向にコピーしたら、範囲を示すセル番地のうち、行が変化していく。行方向にコピーしたときは、列が変化していく。どれくらい移動するかは、コピー元からの距離による。

本書で例にしている売上表には、各商品の第1四半期の売上の合計や、各月の売上の総計など、同じような計算を行う場所が複数ある。このような表では、数式や関数のコピーが役に立つ。相対参照によって、数式の範囲が変更されることで、あっという間に多くの計算結果を求めることができるのだ。

コピーすると数式が変化する

コピーする方向に合わせて
参照するセルが移動していく

=C6+D6	=D6+E6	=E6+F6	…
=C7+D7	=D7+E7	=E7+F7	…
=C8+D8	=D8+E8	=E8+F8	…
=C9+D9	=D9+E9	=E9+F9	…
⋮	⋮	⋮	⋮

=SUM(C6+D6)	=SUM(D6+E6)	=SUM(E6+F6)	…
=SUM(C7+D7)	=SUM(D7+E7)	=SUM(E7+F7)	…
=SUM(C8+D8)	=SUM(D8+E8)	=SUM(E8+F8)	…
=SUM(C9+D9)	=SUM(D9+E9)	=SUM(E9+F9)	…
⋮	⋮	⋮	⋮

SUMMARY

- 相対参照によって、数式や関数をコピーしても、コピーした先で正しい答えを求めることができる
- 数式や関数をコピーすると、コピーした方向に合わせて数式の中で参照しているセルが移動することを、相対参照という

SECTION 21

数式をコピーしたら間違った答えが出た！

実践

商品の利益率を計算する

では、今度は、どの商品が一番利益を上げたか、割り算で利益率を確認してみよう。

ここでの利益率とは、各商品の利益が総利益の何パーセントに相当するか、という数字を意味している。たとえば、チョコレートケーキの利益率を求める場合、チョコレートケーキの利益を全体の利益で割ればよい。

手始めに、チョコレートケーキの利益率を表示させてみよう。チョコレートケーキの利益が表示されているK6セルを、利益の総合計が表示されているK15セルで割ればよい。数式を入力して Enter キーを押すと、答えが表示されるはずだ。なお、ここでの答えは小数点以下まで表示されている。小数点以下の桁数は、列幅まで小数点を記載するため、見えなくなったところを自動的に四捨五入して表示させている。

ほかの商品の利益率を求める場合も同様に、分母を全体の利益にして、各商品の利益を割ればよい。さっそくオートフィルで数式をコピーしてみよう。

割り算で利益率を求める

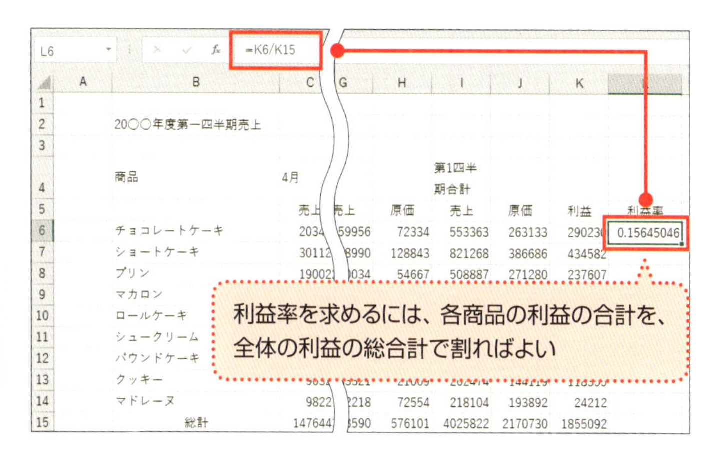

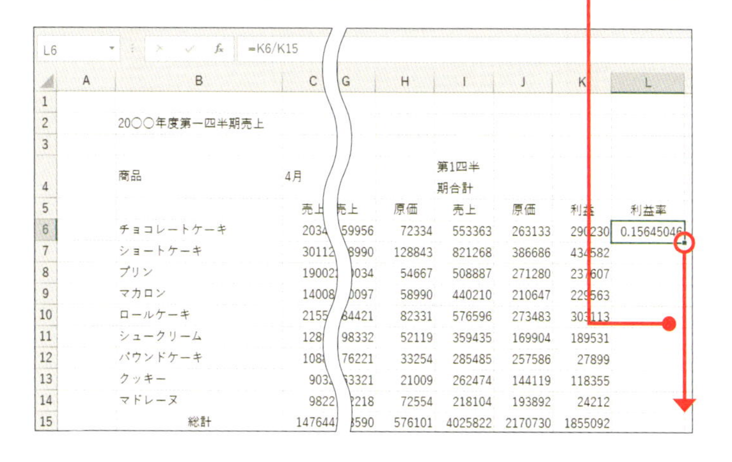

数式をコピーしてもうまくいかない?

それでは、チョコレートケーキで算出した利益率を、ほかのセルにもコピーしよう。チョコレートケーキの利益率を求めたL6セルに、アクティブセルを置く。その場所から、フィルハンドルをクリックし、L14セルまでドラッグしてみよう。これでほかの商品の利益率も、一気に表示されるはずだ。

ところがどうだろう? 実際に操作してみると、数式の答えではなく、見たこともない文字列が表示されてしまった。

この「#DIV/0」という文字列は、エラー表示のひとつだ。このように、エクセルでは、数式やデータに何か問題があると、それを知らせるためにエラーを表示する。今回表示されたエラーは「ディバイド・バイ・ゼロ」というもので、作成した計算式に対し、ゼロで割り算をしている、というエラーを意味している。

入力した数式には、ゼロという数値はどこにもないはずだ。それなのに、エラーが表示されてしまったのはなぜだろう?

最初に入力した数式は正しく答えが表示されたので、問題は数式をコピーしたことにありそうだ。コピーした数式の中身を見て、その原因を探っていこう。

コピーしたらエラーが出た！

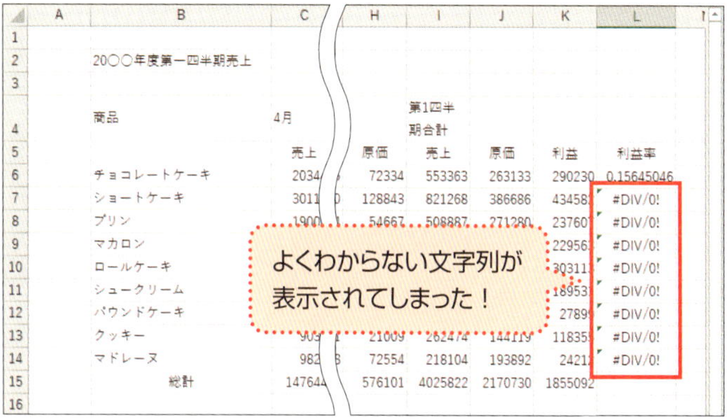

	A	B	C	H	I	J	K	L
1								
2		20○○年度第一四半期売上						
3								
4		商品	4月		第1四半期合計			
5			売上	原価	売上	原価	利益	利益率
6		チョコレートケーキ	2034	72334	553363	263133	290230	0.15645046
7		ショートケーキ	3011	128843	821268	386686	43458	#DIV/0!
8		プリン	1900	54667	508887	271280	23760	#DIV/0!
9		マカロン					22956	#DIV/0!
10		ロールケーキ					30311	#DIV/0!
11		シュークリーム					18953	#DIV/0!
12		パウンドケーキ					2789	#DIV/0!
13		クッキー	903	21009	262474	144119	11835	#DIV/0!
14		マドレーヌ	982	72554	218104	193892	2421	#DIV/0!
15		総計	14764	576101	4025822	2170730	1855092	
16								

よくわからない文字列が
表示されてしまった！

よくあるエラーの一覧

エラー表示	内容
#NULL!	セルの範囲を指定する「:（コロン）」や「,（カンマ）」がない、セルの範囲に共通部分がない
#N/A	値がない
#NAME?	関数名やセルの範囲の名前が間違っている
#VALUE!	不適切な値が入っている

SUMMARY

➔ エクセルでは、入力したデータや数式に問題があると、エラーを表示する

SECTION 22

セルを固定して参照する〜絶対参照

実践

それでは、チョコレートケーキの利益率のすぐ下、ショートケーキの利益率を求めている式を、数式バーから確認してみよう。

数式はどのようになっているだろうか？「＝K7/K16」となっているはずだ。この式のどこがおかしいか、もうおわかりだろう。K7セルにはショートケーキの利益合計が入力されているので問題ないが、肝心の分母のほうは、K16セル、**何も入力されていないセルを参照してしまっている**のだ。これが、「ゼロで割り算している」というエラーの正体だったのである。

参照しているセルがおかしい？

これは、ショートケーキ以降の商品の利益率でも同様だ。分母のセルがどんどんずれていき、エラーを起こしてしまっている。

このようなことが起きる原因は、１０４ページでも解説した「**相対参照**」だ。相対参照によって、対応するセルがひとつずつずれてしまい、空白セルを参照してしまったのだ。

相対参照でセルがずれてしまった

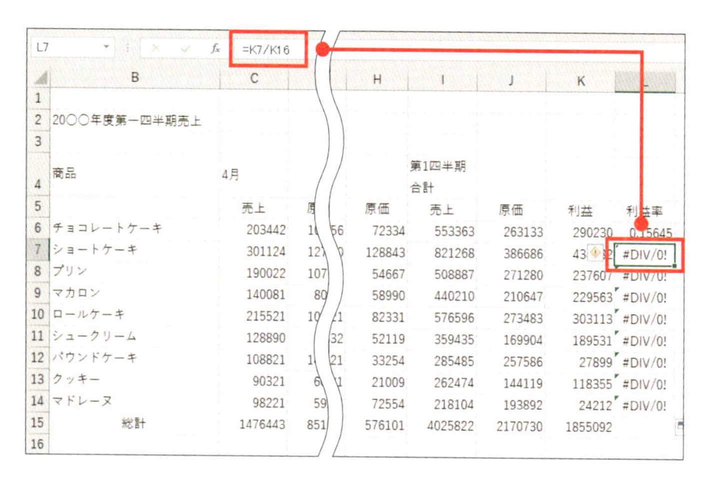

L7 =K7/K16

	B	C		H	I	J	K	L
1								
2	20○○年度第一四半期売上							
3								
4	商品	4月			第1四半期合計			
5		売上	原	原価	売上	原価	利益	利益率
6	チョコレートケーキ	203442	10 56	72334	553363	263133	290230	0.15645
7	ショートケーキ	301124	12 0	128843	821268	386686	43 2	#DIV/0!
8	プリン	190022	107	54667	508887	271280	237607	#DIV/0!
9	マカロン	140081	80	58990	440210	210647	229563	#DIV/0!
10	ロールケーキ	215521	10 21	82331	576596	273483	303113	#DIV/0!
11	シュークリーム	128890	32	52119	359435	169904	189531	#DIV/0!
12	パウンドケーキ	108821	1 21	33254	285485	257586	27899	#DIV/0!
13	クッキー	90321	6 1	21009	262474	144119	118355	#DIV/0!
14	マドレーヌ	98221	59	72554	218104	193892	24212	#DIV/0!
15	総計	1476443	851	576101	4025822	2170730	1855092	
16								

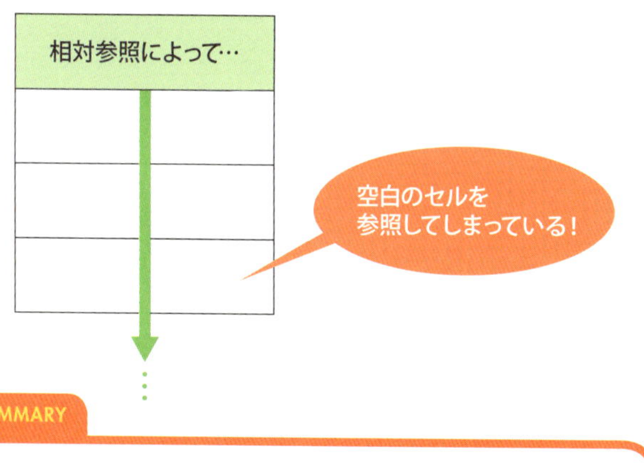

SUMMARY

数式の内容によっては、相対参照で自動的に参照するセルがずれることで、エラーが生じてしまう

相対参照が起きないようにすればよい

さて、エラーの理由は、数式をコピーした際に、相対参照によって空白のセルを参照してしまっていたことだとわかった。では、どのようにすれば解決できるだろう？

ここで改めて、ショートケーキの利益率を求めているL7セルを見てみよう。ここは現在「＝K7/K16」と入力されている。ここに、正しくショートケーキの利益率を表示するには、どのような数式にすればよいだろう？ 答えは「＝K7/K15」だ。現在入力されている数式と見比べてみてほしい。２つの数式で異なるのは、割り算の分母だ。ここはK15セルでないといけない。

つまり、割り算の分子は、K6→K7→K8…と、コピーするにしたがって、相対参照で変化していって問題ない。しかし、分母の部分は、利益の合計が入力されているK15セルに固定しなければならないのだ。

しかし、数式をコピーする際に、セルの範囲の一部は相対参照で変化させながら、一部は固定するなどということができるのだろうか？

もちろん、エクセルにはそのような機能が備わっている。その方法について、１１４ページから解説しよう。

分母のみを固定したい

			= K6 / K15
			= K7 / K15
			= K7 / K15
			= K8 / K15
			⋮
		K15	

分母はこのセルに
固定したい

$$= K6 / K15$$

ここを固定するには
どうしたらよい？

SUMMARY

割り算をコピーしてもエラーが起きないようにするには、分母になるセル番地のみを固定すればよい

絶対参照でセルを固定する

エクセルでは、数式をコピーした際に、セル番地が相対的に動かないように設定することができる。参照場所となるセルを固定することを、相対参照に対して「**絶対参照**」といい、数式の中で指示することができる。これを使えば、売上表で出てしまったエラーも解決できそうだ。

それでは、実際に絶対参照を設定してみよう。

絶対参照は、コピーの元となる数式に設定をする。ここではチョコレートケーキの利益率を求めた式だ。この数式を少しばかり書き換えていく。

絶対参照を設定するには、該当するセルの列番号と行番号の前に、「$」(ドルマーク)を入力するだけでよい。この記号を使ってピン止めをしていくようなイメージだ。この場合は分母のみを固定したいので、「K15」を「K15」と書き換える。

ここで注意したいのは、「$K15」と入力しないこと。これではK列のみしか固定されない。重要なのは、**列番号と行番号、それぞれの前に「$」を入力**することだ。

これで、絶対参照が設定できた。この状態で再度数式をコピーしてみよう。

絶対参照を設定する方法

絶対参照でセルを固定する

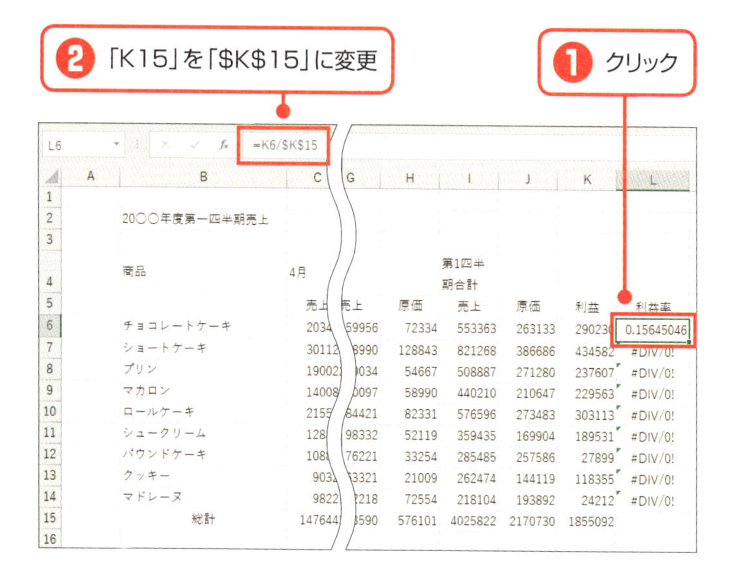

	A	B	C	G	H	I	J	K	L
1									
2		20○○年度第一四半期売上							
3									
4		商品	4月			第1四半期合計			
5			売上	売上	原価	売上	原価	利益	利益率
6		チョコレートケーキ	2034	59956	72334	553363	263133	29023	0.15645046
7		ショートケーキ	30112	8990	128843	821268	386686	434582	#DIV/0!
8		プリン	19002	0034	54667	508887	271280	237607	#DIV/0!
9		マカロン	14008	0097	58990	440210	210647	229563	#DIV/0!
10		ロールケーキ	2155	84421	82331	576596	273483	303113	#DIV/0!
11		シュークリーム	128	98332	52119	359435	169904	189531	#DIV/0!
12		パウンドケーキ	108	76221	33254	285485	257586	27899	#DIV/0!
13		クッキー	9032	3321	21009	262474	144119	118355	#DIV/0!
14		マドレーヌ	9822	2218	72554	218104	193892	24212	#DIV/0!
15		総計	147644	3590	576101	4025822	2170730	1855092	
16									

絶対参照を設定した数式をコピーする

では、最後に、絶対参照を設定した数式をコピーしてみよう。コピーする前に数式の確認をしておく。L6セルに入力されている数式は「=(K6/K15)」となっているはずだ。割り算の分子は相対参照で変化させながら、分母のほうは、K15セルに固定する、という数式になっている。

では、これをコピーしよう。L6セルをクリックして、セルの右下のフィルハンドルを、L14セルまでドラッグする。するとどうだろう? 先ほどまではエラーが表示されていたが、今度はコピーしたセルに、割り算の答えが表示されたのではないだろうか。絶対参照が正しく設定されたことが確認できる。

もし相変わらずエラーのままだったり、異なる答えが出てきてしまった場合は、L6セルに入力した数式を見直してみよう。固定するセル番地を間違えていないか、または「$」を入力する場所を間違えていないかなど、再度確認してほしい。

相対参照と絶対参照の考え方は慣れるまで難しく感じるかもしれないが、いろいろな表で試しながら理解していくとよいだろう。

数式をコピーして正しい答えが得られるか確認する

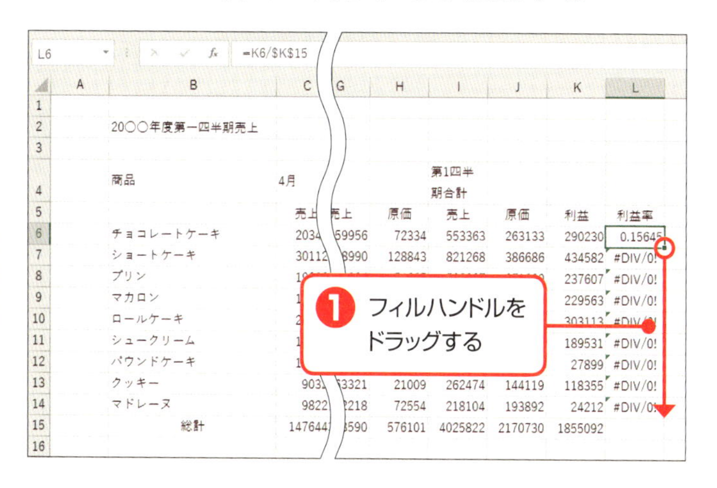

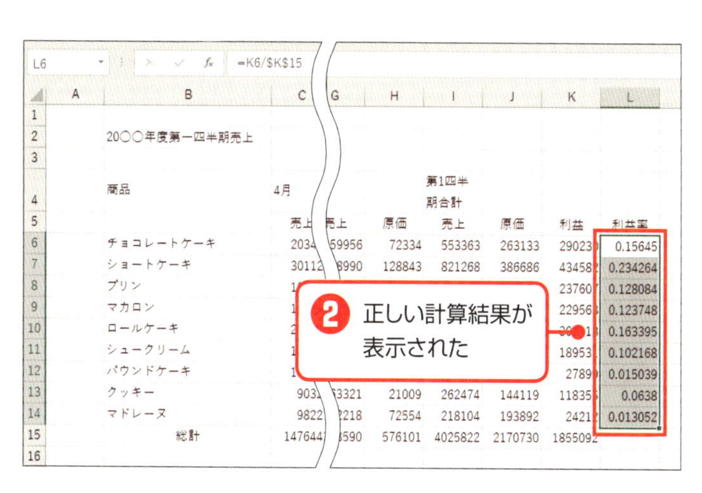

COLUMN

さまざまな関数

第3章では、SUM関数を紹介したが、エクセルではほかにもいろいろな関数を使うことができる。例として、SUM関数と同じような使い方の関数を紹介しよう。

代表的なのは、AVERAGE関数、MAX関数、MIN関数、COUNT関数だ。SUM関数では、セル「B2」から「B5」までの合計値を求めたい場合、「＝SUM（B2：B5）」という数式となったが、この「SUM」の部分を、これらの関数名に置き換えてみよう。図のように、AVERAGEは「平均」、MAXは「最大値を取得」、MINは「最小値を取得」、COUNTは「数値の個数を数える」働きをする。

このように、同じようなパターンの関数は、一緒に覚えておくとよいだろう。

●同じように範囲を指定する関数の例

データ
10
20
30
40

B4～B7セル

		答え
合計	=SUM(B4:B7)	100
平均	=AVERAGE(B4:B7)	25
最大値	=MAX(B4:B7)	40
最小値	=MIN(B4:B7)	10
個数	=COUNT(B4:B7)	4

4章

もっとエクセルを使いこなす活用技

SECTION 23

セルの書式設定で見やすい表にする

基本

割り算の結果をパーセント表示にする

第3章では、絶対参照によってすべての商品の利益率が表示された。しかし、小数点が並んでいては、わかりづらい。ここでは、利益率を算出したセルの、各データの表示形式をパーセント表示に変更してみよう。

表示形式を変更するには、「ホーム」タブの「数値」グループを使用する。ここに「%」と書かれた「パーセントスタイル」ボタンがある。割合を求めたセルに対してこの「パーセントスタイル」ボタンを押すと、%を使った表示形式に変更できる。22ページで解説したように、セルには書式があり、書式には表示形式も含まれている。つまり、計算結果（データ）を保ったまま、表示形式だけ変更できるのだ。

まず、表示形式を変更したいセルをすべて選択しよう。選択後、「パーセントスタイル」ボタンを押す。これでパーセント表示になった。なお、小数点の表示桁数の増減は、自由に調整できる。

パーセントスタイルを設定する

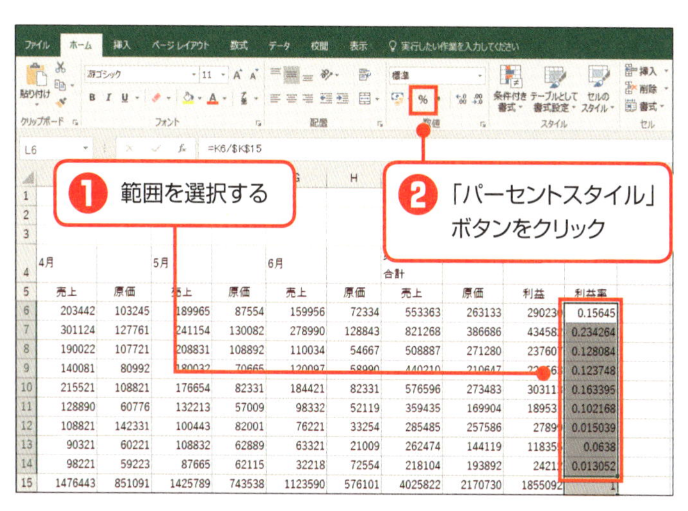

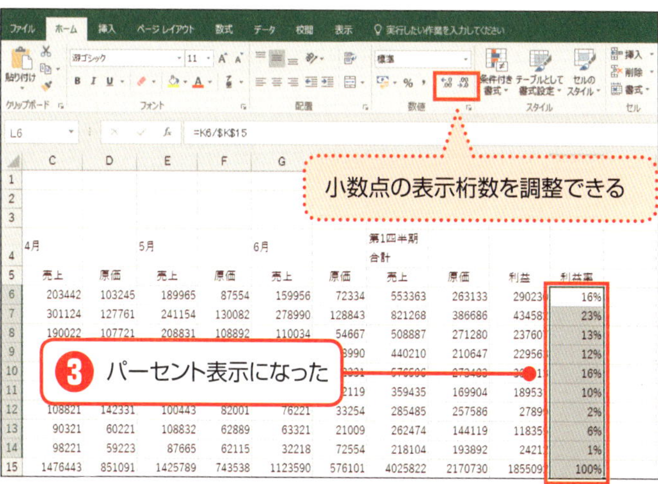

第4章 もっとエクセルを使いこなす活用技

金額データの表示をわかりやすくする

パーセントスタイルを設定した利益率のデータ同様、金額のデータもより読みやすくなるように、桁数がすぐわかるような表示形式にしてみよう。

金額の表示形式では、3桁ごとにカンマを入れて、桁数を見やすくする表示方法がある。たとえば「1000」というデータであれば「1,000」という表示となる。この表示形式を、「桁区切りスタイル」と呼んでいる。なお、こちらも表示形式を変更しただけなので、実際のデータは「1000」のままだ。直接記号のカンマを入れているわけではないから、計算結果に影響はない。

左ページの売上表にも、金額の部分に桁区切りスタイルを設定しよう。金額の入ったセルをすべて選択し、「ホーム」タブの「数値」グループにある「桁区切りスタイル」ボタンをクリックする。すると、金額がカンマで区切られた状態で表示された。

設定した表の中で、4月売上のセルを1つクリックして、数式バーで確認しよう。表示上はカンマが入っているが、数式バーのデータにカンマは入力されていない。このことからも、桁区切りスタイルが書式のひとつであることがわかる。

桁区切りスタイルを設定する

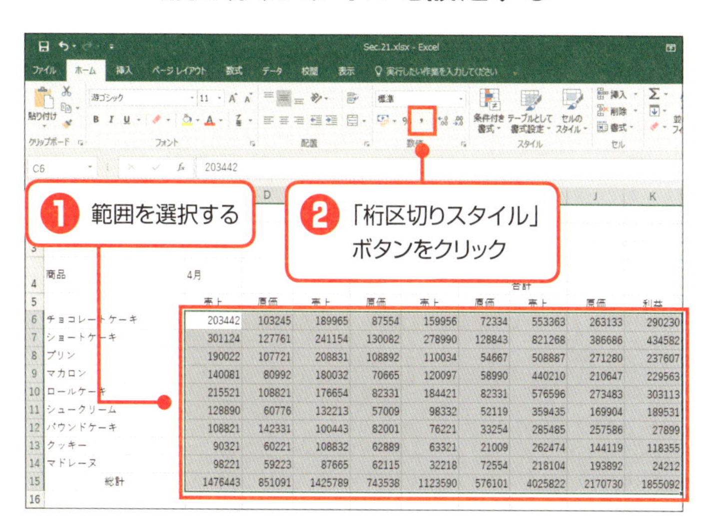

行	商品	売上	原価	売上	原価	売上	原価	売上	原価	利益
6	チョコレートケーキ	203442	103245	189965	87554	159956	72334	553363	263133	290230
7	ショートケーキ	301124	127761	241154	130082	278990	128843	821268	386686	434582
8	プリン	190022	107721	208831	108892	110034	54667	508887	271280	237607
9	マカロン	140081	80992	180032	70665	120097	58990	440210	210647	229563
10	ロールケーキ	215521	108821	176654	82331	184421	82331	576596	273483	303113
11	シュークリーム	128890	60776	132213	57009	98332	52119	359435	169904	189531
12	パウンドケーキ	108821	142331	100443	82001	76221	33254	285485	257586	27899
13	クッキー	90321	60221	108832	62889	63321	21009	262474	144119	118355
14	マドレーヌ	98221	59223	87665	62115	32218	72554	218104	193892	24212
15	総計	1476443	851091	1425789	743538	1123590	576101	4025822	2170730	1855092

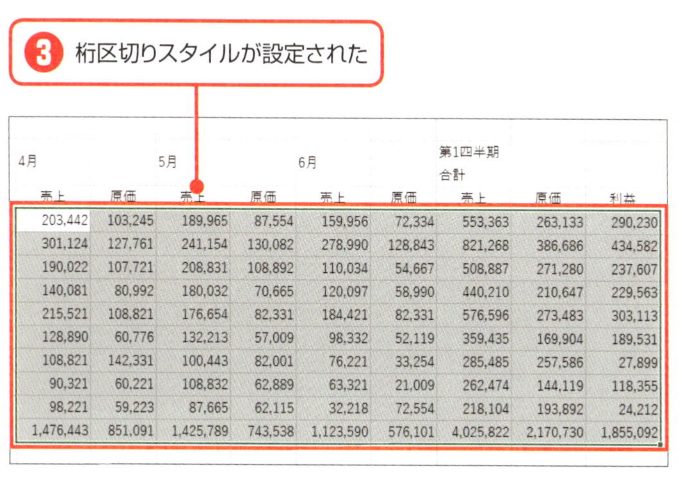

4月		5月		6月		第1四半期 合計		
売上	原価	売上	原価	売上	原価	売上	原価	利益
203,442	103,245	189,965	87,554	159,956	72,334	553,363	263,133	290,230
301,124	127,761	241,154	130,082	278,990	128,843	821,268	386,686	434,582
190,022	107,721	208,831	108,892	110,034	54,667	508,887	271,280	237,607
140,081	80,992	180,032	70,665	120,097	58,990	440,210	210,647	229,563
215,521	108,821	176,654	82,331	184,421	82,331	576,596	273,483	303,113
128,890	60,776	132,213	57,009	98,332	52,119	359,435	169,904	189,531
108,821	142,331	100,443	82,001	76,221	33,254	285,485	257,586	27,899
90,321	60,221	108,832	62,889	63,321	21,009	262,474	144,119	118,355
98,221	59,223	87,665	62,115	32,218	72,554	218,104	193,892	24,212
1,476,443	851,091	1,425,789	743,538	1,123,590	576,101	4,025,822	2,170,730	1,855,092

通貨の記号を挿入する

122ページでは金額の表示を「桁区切りスタイル」にしたが、金額のデータには、ほかにも設定できる表示形式がある。それが通貨表示だ。「パーセントスタイル」ボタンの左側にある、「通貨表示形式」ボタンをクリックすると、「桁区切りスタイル」に加えて、数字の頭に¥などの通貨のマークを付けることができる。なお、こちらも表示形式の変更によって表示されたものなので、実際にデータに入力した記号ではない。

ここでは、総計を出した行に通貨表示形式を設定して、総計の金額を見やすくする。総計が入力されている行を選択し、「ホーム」タブの「数値」グループの「通貨表示形式」ボタンを押すと、¥マークを設定できる。

ちなみに、通貨表示形式は、日本円の¥マークのほかにも、ドルやユーロの通貨設定もできる。「通貨表示形式」ボタンの右側の▼をクリックすると、他国の通貨表示設定が可能だ。なお、こちらで「¥日本語」を設定すると、小数点以下第2位まで表示される。左ページの手順❷のボタンで設定したときとは異なるので注意しよう。

通貨の記号を設定する

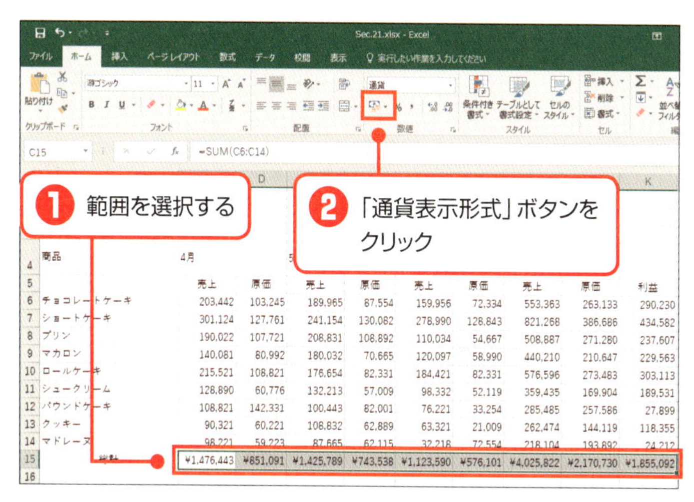

1 範囲を選択する
2 「通貨表示形式」ボタンをクリック

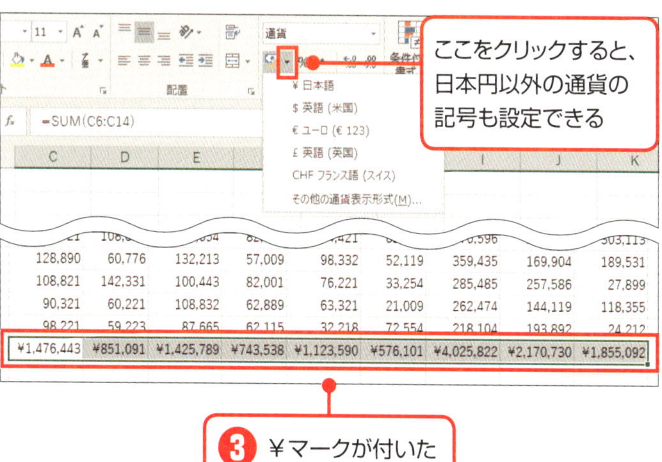

ここをクリックすると、日本円以外の通貨の記号も設定できる
3 ￥マークが付いた

SECTION 24

部分的に罫線を引いてわかりやすい表にする

実践

罫線を表の一部に引いて表を見やすくする

第2章では範囲を選択して罫線を引く方法を解説した。だが、それだけでは不便なときもある。エクセルでは、ペンで線を引くように、**自由に罫線を引くこともできる**。この機能を使えば、表の一部分にだけ、罫線を引くことができるのだ。これで、表の見た目をより整えやすくなる。

まずはどこに罫線を引けば効果的か、考えてみよう。やみくもに罫線を引いても、表の統一感を崩しかねない。たとえば、データの区切りとなるような部分などに罫線を引くと、表が見やすくなるだろう。

ここでは、左ページの例のように、2か所に実線と異なる罫線を設定してみよう。ひとつは総計部分との区切り線、もうひとつは、各月の売上と第1四半期としてまとめた部分と区切り線だ。これで集計結果を確認しやすい表となるだろう。

罫線を表の一部に引く

罫線を効果的に引いて表を見やすくする

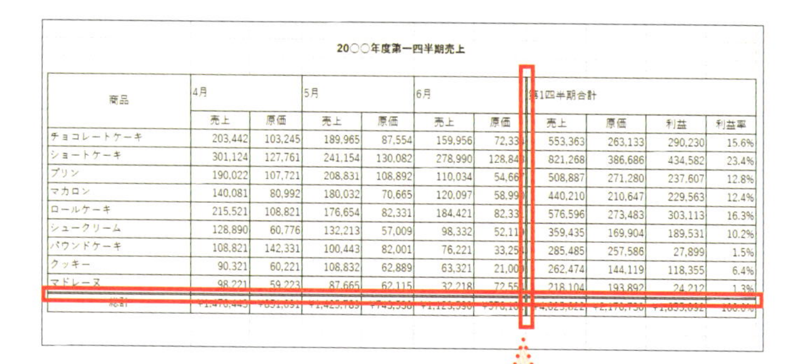

20○○年度第一四半期売上

商品	4月		5月		6月		第1四半期合計			
	売上	原価	売上	原価	売上	原価	売上	原価	利益	利益率
チョコレートケーキ	203,442	103,245	189,965	87,554	159,956	72,33[illegible]	553,363	263,133	290,230	15.6%
ショートケーキ	301,124	127,761	241,154	130,082	278,990	128,84[illegible]	821,268	386,686	434,582	23.4%
プリン	190,022	107,721	208,831	108,892	110,034	54,66[illegible]	508,887	271,280	237,607	12.8%
マカロン	140,081	80,992	180,032	70,665	120,097	58,99[illegible]	440,210	210,647	229,563	12.4%
ロールケーキ	215,521	108,821	176,654	82,331	184,421	82,33[illegible]	576,596	273,483	303,113	16.3%
シュークリーム	128,890	60,776	132,213	57,009	98,332	52,11[illegible]	359,435	169,904	189,531	10.2%
パウンドケーキ	108,821	142,331	100,443	82,001	76,221	33,25[illegible]	285,485	257,586	27,899	1.5%
クッキー	90,321	60,221	108,832	62,889	63,321	21,00[illegible]	262,474	144,119	118,355	6.4%
マドレーヌ	98,221	59,223	87,665	62,115	32,218	72,55[illegible]	218,104	193,892	24,212	1.3%
総計	[illegible]	[illegible]	[illegible]	[illegible]	[illegible]	[illegible]	[illegible]	[illegible]	[illegible]	[illegible]

表のデータの区切りとなる部分に
罫線を引いてみよう

第4章 もっとエクセルを使いこなす活用技

部分的に罫線を引く

それでは、まず表全体に罫線を引こう。表全体を選択して、「ホーム」タブの「フォント」グループにある「罫線」ボタンの右側の▼をクリックして「格子」を選択する。これで範囲選択したすべての枠線に罫線を引くことができた。

今度は、必要な部分にのみ罫線を引いてみたい。先ほどと同じく「罫線」ボタンの右側の▼をクリックして、表示されたリストの中の「罫線の作成」ボタンをクリックすると、マウスカーソルが鉛筆のマークに変化する。これで、ドラッグするだけで罫線を引くことができるのだ。

次に、罫線の種類を設定する。今回は二重罫線を引きたいので、再度「罫線」ボタンの右側の▼をクリックして、「線のスタイル」をクリックし、「二重線」を選んだ。二重線を引きたい場所にペン先を合わせてドラッグしてみよう。これで、総計と第1四半期の売上データに区切りを付けることができた。罫線を引き終わったあとは、余計な場所に罫線が引かれるのを防ぐためにも、Escキーを押して鉛筆マークに変化したマウスカーソルを元に戻しておく必要がある。

罫線を部分的に引くことで、見やすい売上表が完成した。

罫線の種類を選んで引く

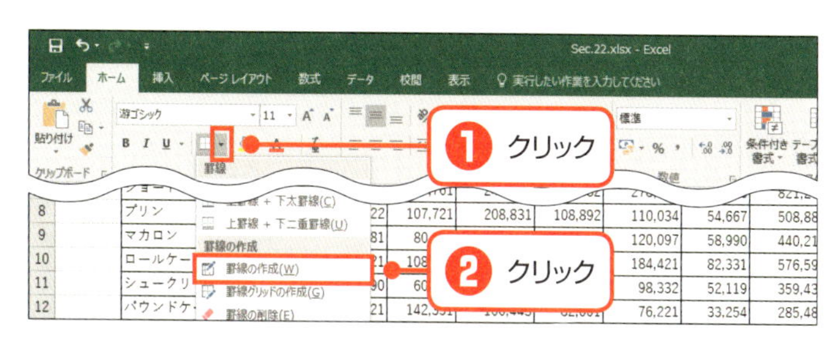

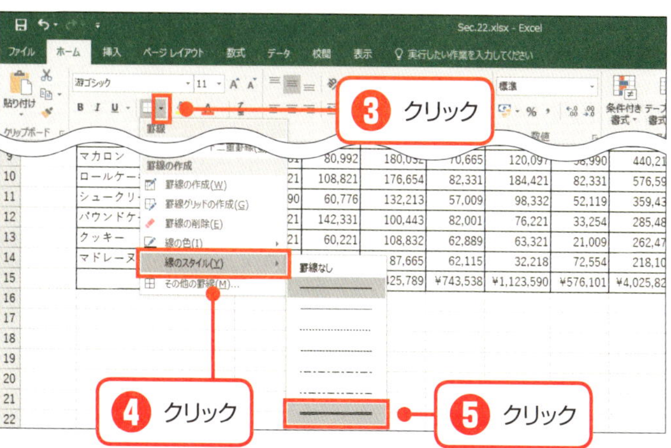

6 ドラッグして罫線を引く

商品	4月		5月		6月		第1四半期合計			
	売上	原価	売上	原価	[illegible]	[illegible]	[illegible]	[illegible]	[illegible]	[illegible]
チョコレートケーキ	203,442	103,245	189,965	87,554	[illegible]	[illegible]	[illegible]	[illegible]	[illegible]	[illegible]
ショートケーキ	301,124	127,761	241,154	130,082	[illegible]	[illegible]	[illegible]	[illegible]	[illegible]	[illegible]
プリン	190,022	107,721	208,831	108,892	[illegible]	[illegible]	[illegible]	[illegible]	[illegible]	[illegible]
マカロン	140,081	80,992	180,032	70,665	120,097	58,990	440,210	210,647	229,563	12.4%
ロールケーキ	215,521	108,821	176,654	82,331	[illegible]	[illegible]	576,596	273,483	303,113	16.3%
シュークリーム	128,890	60,776	132,213	57,009	[illegible]	[illegible]	359,435	169,904	189,531	10.2%
パウンドケーキ	108,821	142,331	100,443	82,001	[illegible]	[illegible]	285,485	257,586	27,899	1.5%
クッキー	90,321	60,221	108,832	62,889	63,321	[illegible]	262,474	144,119	118,355	6.4%
マドレーヌ	98,221	59,223	87,665	62,115	32,218	72,554	[illegible]	193,892	24,212	1.3%
総計	¥1,476,443	¥851,091	¥1,425,789	¥743,538	¥1,123,590	¥576,101	[illegible]	¥2,170,730	¥1,855,092	100.0%

SECTION 25

実践

データを昇順や降順に並べ替える

エクセルではデータの並べ替えもかんたん!

たくさんのデータを管理していると、データを一定の規則で並べ替えたいこともあるだろう。そのようなときもエクセルは便利だ。エクセルの並べ替え機能を使えば、データの入力後、担当者名ごとに売上を並べ替えることもできるし、そのリストをあいうえお順に並べ替えることもできる。

並べ替えの種類には、昇順(しょうじゅん)と降順(こうじゅん)の2つがある。昇順とは、階段を昇っていく順番という意味で、数値の場合は「123456…」という順番となる。あいうえおやアルファベットも、先頭から並ぶ。降順はその逆で、数値データは大きい数値から下がっていくため「…654321」となり、文字列における並びも、昇順とは逆になる。

並べ替えは、「ホーム」タブの「並べ替えとフィルター」ボタンで行うことができる。第2章で作成した名簿リストを使い、データを並べ替えてみよう。

データの昇順と降順

昇順	降順
1	5
2	4
3	3
4	2
5	1

昇順	降順
あ	お
い	え
う	う
え	い
お	あ

並び替え前	昇順	降順
Cat	Animal	Rabbit
Fish	Cat	Lion
Dog	Dog	Fish
Lion	Elephant	Elephant
Animal	Fish	Dog
Rabbit	Lion	Cat
Elephant	Rabbit	Animal

SUMMARY

エクセルではデータを自動で並べ替えることができる

並べ替える順序は、昇順と降順の２通りがある

データの並べ替えを行う

まず、並べ替え操作をする前に確認しておきたい点がある。表に隣接したセルに、データがないかどうかだ。隣接したセルに日付などを入力してしまうと、うまく並べ替えができない場合がある。そのときは、一度そのデータを削除しておくか、1行追加して表から離すようにしておこう。

それでは、並べ替えの操作を開始しよう。並べ替えたい列のデータのどこか適当なセルをクリックして、選択する。並べ替えができるボタンは、「ホーム」タブと「データ」タブの2か所にあるが、今回は「ホーム」タブのボタンを使う。

タブの右側に「並べ替えとフィルター」というボタンがある。これをクリックすると「昇順」「降順」という項目が出てくる。名簿をあいうえお順に並べ替えたいので、「昇順」を選ぼう。たったこれだけで、あいうえお順に並べ替えることができた。なお、表を入力順に戻したい場合は注意点がある。左ページの例はナンバーを振っているので、その番号で並べ替えれば元に戻るが、こういったことをしていないデータの場合、一度保存してブックを開き直したあとなどは、最初の並び順に戻せなくなってしまう。データを入力順に戻す必要がある場合は、番号を入力したデータ列を作成しておくとよい。

データを並べ替える

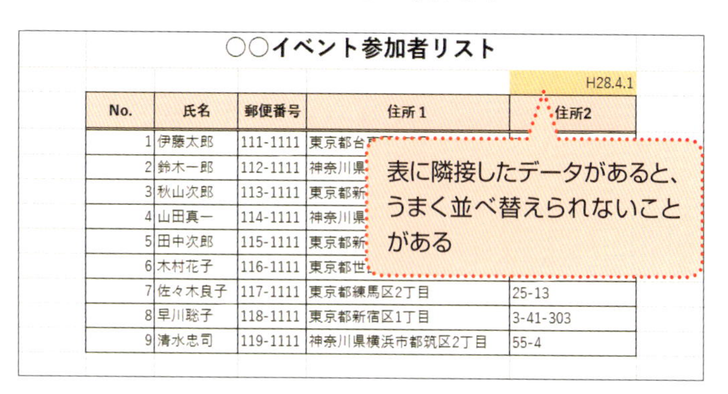

○○イベント参加者リスト

H28.4.1

No.	氏名	郵便番号	住所1	住所2
1	伊藤太郎	111-1111	東京都台	
2	鈴木一郎	112-1111	神奈川県	
3	秋山次郎	113-1111	東京都新	
4	山田真一	114-1111	神奈川県	
5	田中次郎	115-1111	東京都新	
6	木村花子	116-1111	東京都世	
7	佐々木良子	117-1111	東京都練馬区2丁目	25-13
8	早川聡子	118-1111	東京都新宿区1丁目	3-41-303
9	清水忠司	119-1111	神奈川県横浜市都筑区2丁目	55-4

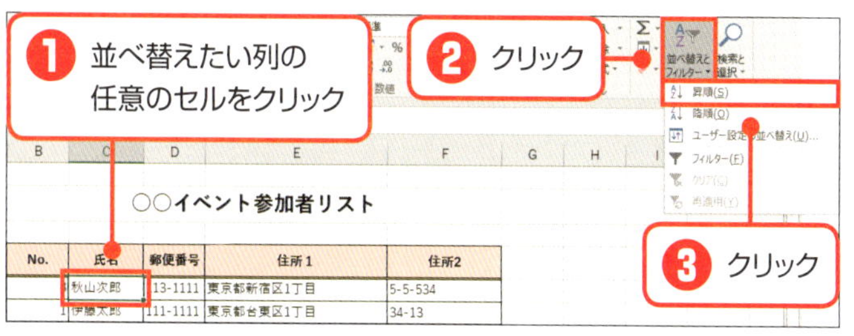

○○イベント参加者リスト

No.	氏名	郵便番号	住所1	住所2
3	秋山次郎	113-1111	東京都新宿区1丁目	5-5-534
1	伊藤太郎	111-1111	東京都台東区1丁目	34-13
6	木村花子	116-1111	東京都世田谷区1丁目	24-2-203
7	佐々木良子	117-1111	東京都	
9	清水忠司	1 -1111	神奈川	
2	鈴木一郎	112-1111	神奈川	
5	田中次郎	115-1111	東京都新宿区4丁目	32-23
8	早川聡子	118-1111	東京都新宿区1丁目	3-41-303
4	山田真一	114-1111	神奈川県横浜市青葉区2丁目	1-22-1001

❹ あいうえお順に並んだ

SECTION
26

条件を設定してデータを絞り込む

実践

表にフィルターを設置する

エクセルでは、表のデータを並べ替えるだけではなく、一定の条件にしたがってデータを絞り込んで抽出することもできる。たとえば、東京都の人だけを抽出する、とか、○○円以上の売上の商品だけを抽出する、といったことができるのだ。

データを抽出するためには、「フィルター」という機能を表に設定する必要がある。この機能も「ホーム」タブと「データ」タブに2つあるが、今回も「ホーム」タブのボタンを使って解説する。

この場合も、並べ替え操作と同じように、表のまわりのセルにはデータがないようにしよう。表の中の任意のセルをクリックしたら、「ホーム」タブの「並べ替えとフィルター」ボタンをクリックする。続いて、「フィルター」をクリックしよう。

これで、表見出しに「フィルター」ボタンが表示された。このフィルターから、条件を設定してデータを抽出することができる。

フィルターを設定する

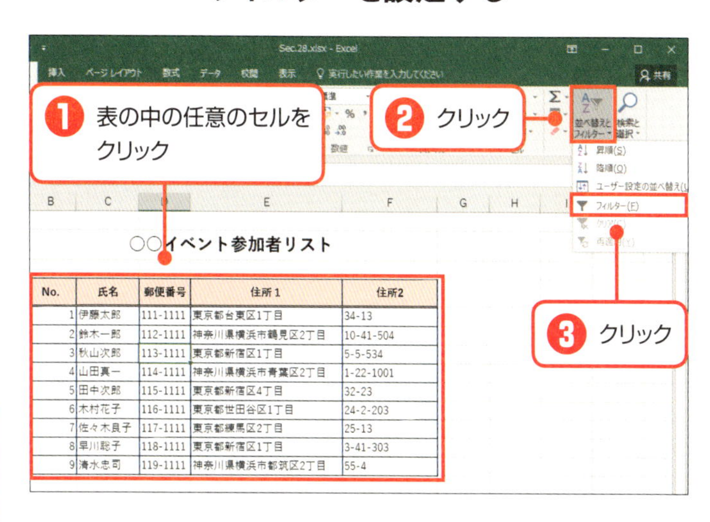

No.	氏名	郵便番号	住所1	住所2
1	伊藤太郎	111-1111	東京都台東区1丁目	34-13
2	鈴木一郎	112-1111	神奈川県横浜市鶴見区2丁目	10-41-504
3	秋山次郎	113-1111	東京都新宿区1丁目	5-5-534
4	山田真一	114-1111	神奈川県横浜市青葉区2丁目	1-22-1001
5	田中次郎	115-1111	東京都新宿区4丁目	32-23
6	木村花子	116-1111	東京都世田谷区1丁目	24-2-203
7	佐々木良子	117-1111	東京都練馬区2丁目	25-13
8	早川聡子	118-1111	東京都新宿区1丁目	3-41-303
9	清水忠司	119-1111	神奈川県横浜市都筑区2丁目	55-4

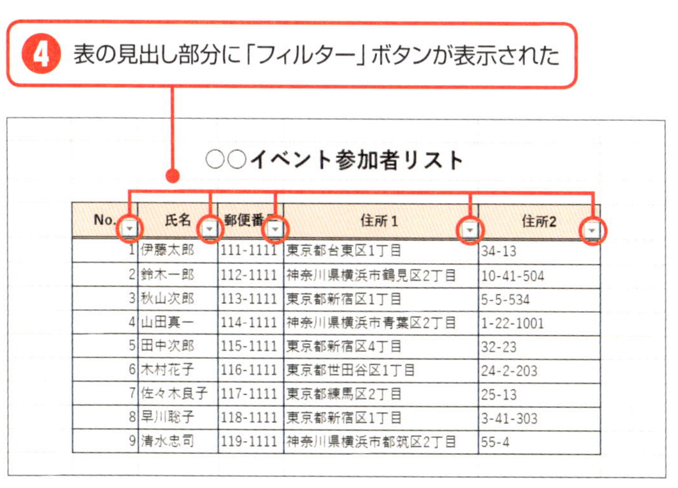

No.	氏名	郵便番号	住所1	住所2
1	伊藤太郎	111-1111	東京都台東区1丁目	34-13
2	鈴木一郎	112-1111	神奈川県横浜市鶴見区2丁目	10-41-504
3	秋山次郎	113-1111	東京都新宿区1丁目	5-5-534
4	山田真一	114-1111	神奈川県横浜市青葉区2丁目	1-22-1001
5	田中次郎	115-1111	東京都新宿区4丁目	32-23
6	木村花子	116-1111	東京都世田谷区1丁目	24-2-203
7	佐々木良子	117-1111	東京都練馬区2丁目	25-13
8	早川聡子	118-1111	東京都新宿区1丁目	3-41-303
9	清水忠司	119-1111	神奈川県横浜市都筑区2丁目	55-4

条件を指定してデータを抽出する

見出しに表示された「フィルター」ボタンを使って、その列のデータに対して、抽出条件を設定することが可能だ。左ページの表の中で、東京都在住の人だけを表示してみよう。

まずは、住所部分の見出しの「フィルター」ボタンをクリックする。続いて「テキストフィルター」にマウスカーソルを置くと、抽出する条件一覧が出てくる。ここでは東京都に住んでいる人だけを抜き出したいので、「指定の値を含む」を選択する。ダイアログボックスが表示されるので、「東京都」と入力し、条件を「を含む」に設定する。これで「ＯＫ」をクリックすると、住所の列に「東京都」を含んだ行だけが抽出され、あとは非表示の状態となった。

一定の条件のデータだけ抜き出してコピーしたい、といった場合などには、このようにフィルターでデータを絞り込むと便利だ。

抽出したフィルターを解除するには、再度見出し部分の「フィルター」ボタンを押して、「"〇〇"からフィルターをクリア」をクリックする。

抽出条件を設定する

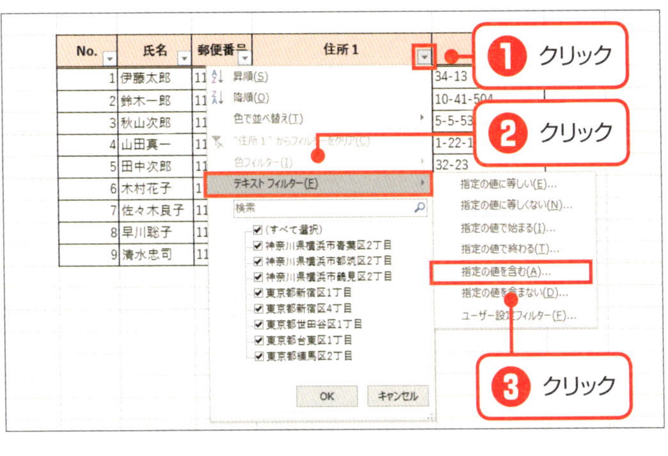

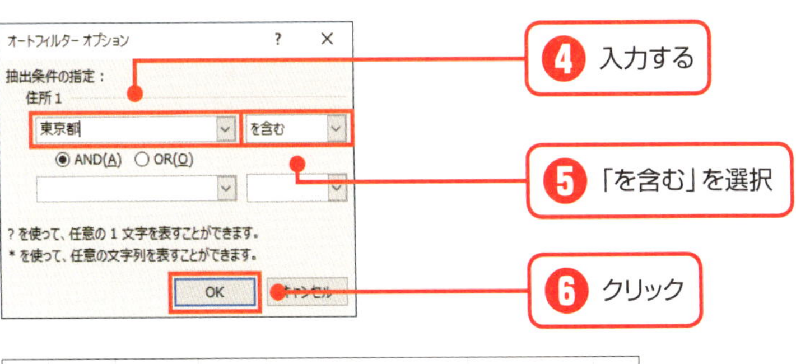

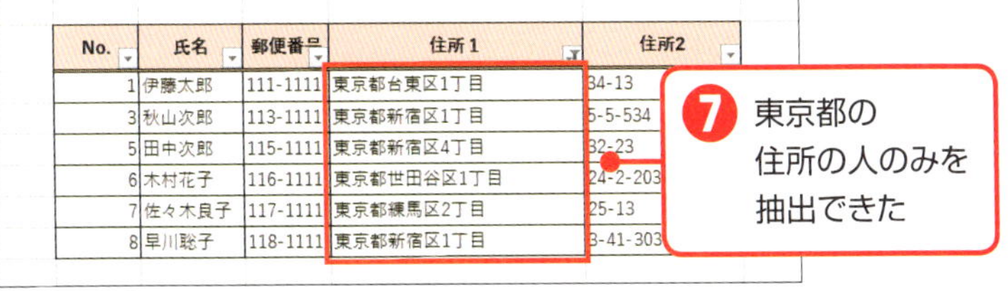

No.	氏名	郵便番号	住所1	住所2
1	伊藤太郎	111-1111	東京都台東区1丁目	34-13
3	秋山次郎	113-1111	東京都新宿区1丁目	5-5-534
5	田中次郎	115-1111	東京都新宿区4丁目	32-23
6	木村花子	116-1111	東京都世田谷区1丁目	24-2-203
7	佐々木良子	117-1111	東京都練馬区2丁目	25-13
8	早川聡子	118-1111	東京都新宿区1丁目	3-41-303

SECTION 27

実践

ファイルを保存しないで終了してしまった！

ファイルを保存していなくても心配ご無用

間違えてファイルを保存しないままエクセルを終了してしまった！　また、急にカーソルが動かなくなり、どこをクリックしても反応しない！　となって、慌てることがあるかもしれない。

そのような場合も焦らなくてよい。エクセルでは、不測の事態に備え、10分間隔（初期設定）で、**自動で作業内容を保存している**。この機能によって「自動回復用ファイル」が作成され、そのファイルを利用することで、保存し忘れてしまったファイルを表示することができるのだ。

なお、この保存の間隔は、「ファイル」タブ→「オプション」→「保存」の「ブックの保存」から変更することができる。

では、この自動保存されたファイルは、どのように開くことができるのだろうか？

ファイルを保存していない！そんなときは？

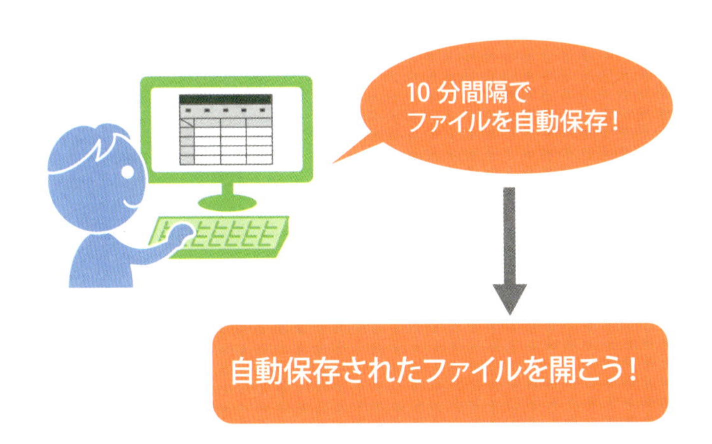

第4章 もっとエクセルを使いこなす活用技

自動回復用ファイルを開く

うっかり保存し忘れてしまったファイルは、自動で保存されていて、開くことができる場合がある。

まずは、保存し忘れてしまったファイルを開く。ファイルは保存する前の状態になっているだろう。ここで、「ファイル」をクリックすると、「情報」画面が表示される。ここで、「ブックの管理」（Ｅｘｃｅｌ ２０１３／２０１０では「バージョン」）部分を見ると、日付と共に、「保存しないで終了」（「自動保存」）と書かれた項目が表示されていることがある。これが、自動で保存されていたファイルになる。

この部分をクリックすると、自動で保存されたファイルが開くので、「復元」（「元に戻す」）をクリックしよう。自動で保存されたファイルの内容で、前回のファイルを上書きしてもよいか表示されるので、「ＯＫ」をクリックする。すると、自動的にファイルが上書きされ、自動で保存されたファイルの内容が、最新のファイルの内容となる。

このようにして、保存を忘れてしまったファイルでも、その内容を復元することが可能だ。ただし、この方法がいつも使えるとは限らない。エクセルのファイルを変更したらこまめに上書き保存をするように心がけよう。

5章

表をきれいに印刷する方法

SECTION 28

表の印刷はA4用紙1枚に収める～印刷

基本

表は1枚に収めて印刷する

さて、ここまでの内容で、基本的な表の作り方はマスターできた。作成した表は、パソコンのみで取り扱うこともあるが、ビジネスでは用紙に出力して使うことも多い。この章では、エクセルの印刷設定について解説していこう。

エクセルでの印刷の場合、どの範囲まで印刷されるか？　ということが問題となる。1枚のシートには多くのセルが表示されており、それらは自由に行（列）の追加や幅を調整できた。だが、実際に印刷するとなると、印刷範囲は限られる。エクセルはワードと違い、**見た目通りに印刷されない**のだ。

ビジネスでは、A４用紙を取り扱うことが多い。そのような場合、作成した表をこのA４用紙１枚にうまく収めなければならない。作成した表の見出しやデータが別のページにはみ出てしまったら、格好の悪い表になってしまうだろう。

この章では、表をA４用紙１枚にきれいに印刷するための考え方を学んでいこう。

エクセルの表を印刷する

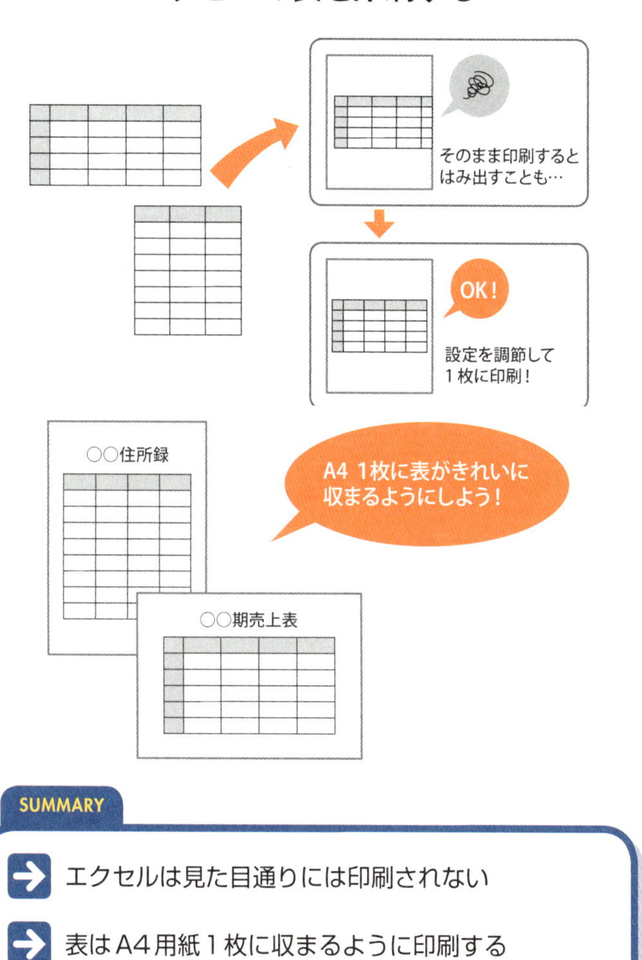

SUMMARY

- エクセルは見た目通りには印刷されない
- 表はA4用紙1枚に収まるように印刷する

印刷画面を確認する

エクセルでの印刷に関する画面を表示するには、まず「ファイル」タブをクリックする。ここから「印刷」をクリックしよう。

この「印刷」画面では、印刷の向きや用紙サイズなどを細かく設定することができる。右側に表示されているのは印刷プレビューだ。ここを見れば、見出しやデータが途切れていないか、用紙に対して表が大き過ぎたり小さ過ぎないか、などを設定しながら確認することができる。

ただ、このプレビューは、画面内に用紙1枚を全体表示させているため、おおまかな状態しかわからない。もっとしっかり見たい箇所がある場合は、画面右下の「画面に合わせる」ボタンをクリックして拡大するとよい。プレビュー画面がズームアップされ、表を細かく確認することができる。最初の用紙全体のプレビューに戻したときは、再度同じボタンを押せば元に戻るようになっている。

プレビュー画面の左側では、印刷用紙の設定も行えるので、印刷したい用紙に設定されているか確認しよう。なお、ビジネスの場では主にA４用紙が使われる。これ以降、印刷する用紙はA４として解説を進める。

印刷プレビューを見る

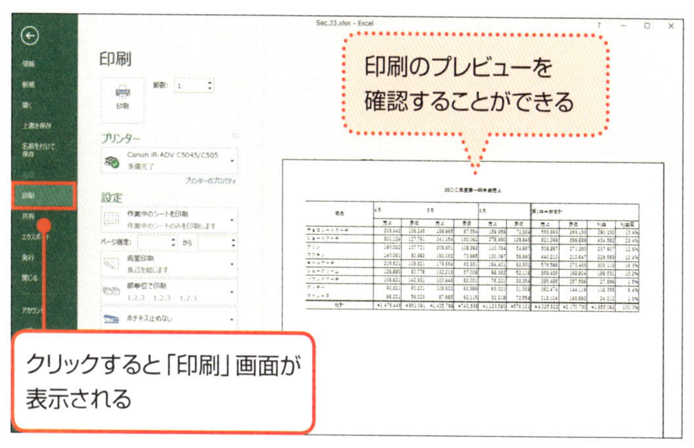
印刷のプレビューを
確認することができる
クリックすると「印刷」画面が
表示される

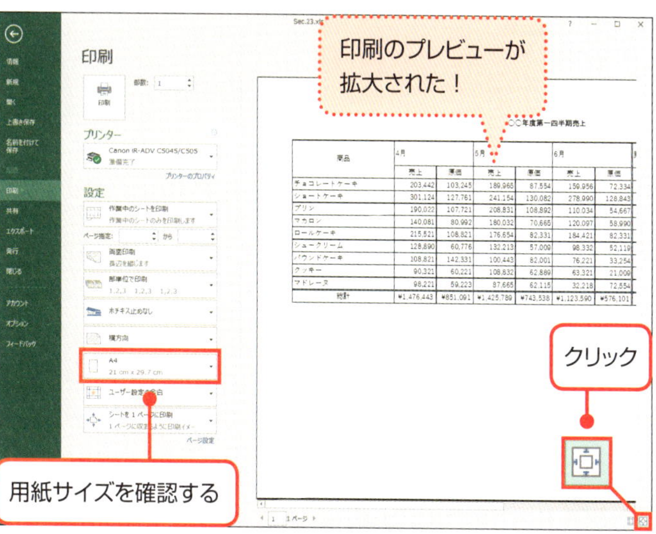
印刷のプレビューが
拡大された！
クリック
用紙サイズを確認する

SECTION 29

表の形に合わせて印刷の向きを変える

基本

適切な印刷の向きを考える

表を印刷するときに、最初に考えておきたいのは、**印刷の向き**だ。A4用紙を縦にして印刷するか、横にして印刷するかを決める必要がある。

たとえば、第2章で作成した住所録の表は、入力件数が増えていくことを想定すると、行の方向にデータが伸びていくため、縦方向のほうがよいだろう。反対に、第3章で作成した売上表は、行方向よりも列方向のほうが長いので、横に印刷したほうが収まりやすい。

もちろん、表を用紙に収めるということは重要ではあるが、ほかの合わせる書類がある場合、それらと向きを揃える必要もあるだろう。ほかの書類が縦方向で印刷されていたら、同じように縦方向で印刷したほうがよい。

その表をどう使うのか、どのように印刷したら見やすいか、などを考えつつ、状況に応じて適切な印刷の向きを考えよう。

表に合わせて印刷の向きを変える

20〇〇年度入学者名簿

平成〇〇年5月2日(水)
株式会社技術評論社　技術太郎

No.	氏名	郵便番号	住所1	住所2
1	山田一郎	111-1111	東京都新宿区1丁目	21-13
2	鈴木一郎	112-1111	神奈川県横浜市鶴見区2丁目	15-9　技術ビル3F
3	山田次郎	113-1111	東京都練馬区3丁目	24-2-203
4	鈴木三郎	114-1111	東京都新宿区1丁目	1-15
5	鈴木次郎	115-1111	東京都新宿区4丁目	2-23-2
6	木村花子	116-1111	神奈川県横浜市都筑区3丁目	5-4　技評ビル205
7	佐々木花子	118-1111	東京都練馬区2丁目	3-1-303
8	伊藤一郎	121-1111	東京都新宿区2丁目	3-45
9	佐々木聡子	119-1111	東京都北区4丁目	3-5-505
10	木村一郎	120-1111	神奈川県横浜市青葉区2丁目	2-22-101

このような表は、今後も行を追加していくので、縦方向に印刷したほうがよいだろう

20〇〇年度第一四半期売上

商品	4月		5月		6月		第1四半期合計			
	売上	原価	売上	原価	売上	原価	売上	原価	利益	利益率
チョコレートケーキ	203,442	103,245	189,965	87,554	159,956	72,334	553,363	263,133	290,230	15.6%
ショートケーキ	301,124	127,761	241,154	130,082	278,990	128,843	821,268	386,686	434,582	23.4%
プリン	190,022	107,721	208,831	108,892	110,034	54,667	508,887	271,280	237,607	12.8%
マカロン	140,081	80,992	180,032	70,665	120,097	58,990	440,210	210,647	229,563	12.4%
ロールケーキ	215,521	108,821	176,654	82,331	184,421	82,331	576,596	273,483	303,113	16.3%
シュークリーム	128,890	60,776	132,213	57,009	98,332	52,119	359,435	169,904	189,531	10.2%
パウンドケーキ	108,821	142,331	100,443	82,001	76,221	33,254	285,485	257,586	27,899	1.5%
クッキー	90,321	60,221	108,832	62,889	63,321	21,009	262,474	144,119	118,355	6.4%
マドレーヌ	96,221	59,223	87,665	62,115	32,218	72,554	218,104	193,892	24,212	1.3%
総計	¥1,476,443	¥851,091	¥1,425,789	¥743,538	¥1,123,590	¥576,101	¥4,025,822	¥2,170,730	¥1,855,092	100.0%

このような表は、表の形状からも、横方向の印刷のほうが向いている

はみ出しを確認しながら向きを変更する

では、第3章で完成した売上表を使って、印刷設定をしてみよう。

まず、印刷する範囲を設定する。完成した表のシートで、印刷したい範囲をすべて選択し、「ページレイアウト」タブの「印刷範囲」ボタンをクリックして、「印刷範囲の設定」をクリックする。

クリックすると、画面上に点線が入った。これはA4用紙で印刷できる範囲を示している。この点線が表の上に重なっているということは、すでにはみ出してしまっているということだ。これではまずいので、印刷の向きを変えたい。

「ページレイアウト」タブの「ページ設定」グループを見てほしい。ここで「印刷の向き」→「横」をクリックすると、「横方向」に切り替えることができる。

点線を再度確認してみよう。しかし、作成した表はまだ途中で切れてしまっている。このままでは一部の列が2枚目に出力されてしまう。

余白を調整したら収まるだろうか？　次は余白を変更して、表が途切れないよう調整していこう。

印刷の向きを変更する

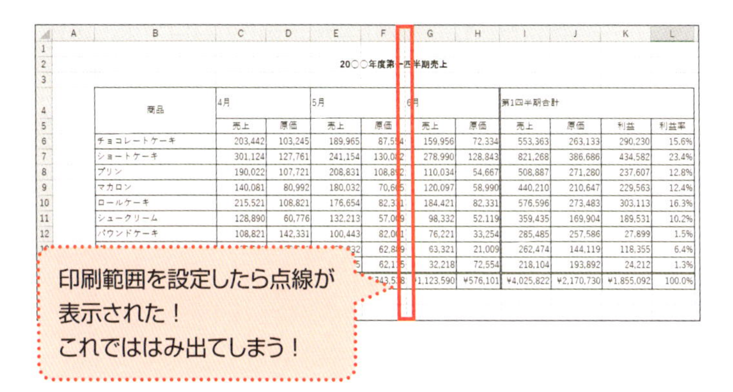

20○○年度第一四半期売上
印刷範囲を設定したら点線が
表示された！
これではほはみ出てしまう！

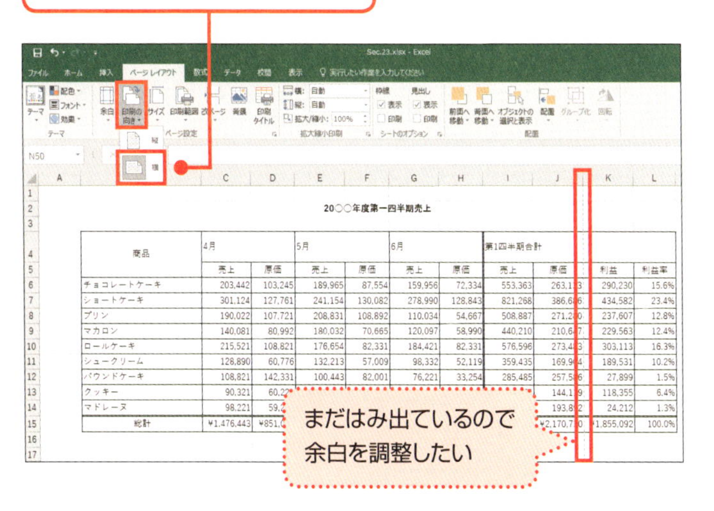

クリックして印刷の向きを変更する
20○○年度第一四半期売上
まだはみ出ているので
余白を調整したい

SECTION 30

余白を変更して表が用紙からはみ出ないようにする

基本

印刷プレビューを確認する

それでは、前節で2ページ目にはみ出た列を収めるため、用紙の余白を調整しよう。「ページレイアウト」タブの「余白」をクリックする。初期設定では「標準」の余白となっている。余白から表がはみ出してしまっているので、今回は「狭い」を選んで設定をしてみよう。

余白を狭めたので、1枚の用紙に表を収めることができた。しかし余白が狭い状態では、見た目がかなり窮屈になってしまった。さらに表が左上に寄ってしまい、全体的にもアンバランスだ。もう少しきれいに表を配置できないものか?

「ページレイアウト」タブの「ページ設定」グループ右下をクリックすると、「ページ設定」ダイアログボックスを開くことができる(153ページ参照)。ダイアログボックスのタブを「余白」に切り替えると、余白を細かく調整することが可能だ。このダイアログボックスの機能を使って、微調整をしていこう。

余白の設定を変更する

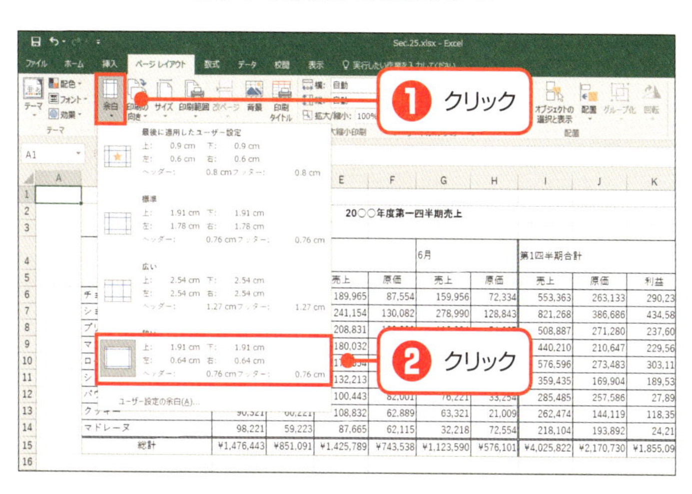

20〇〇年度第一四半期売上

商品	4月		5月		6月		第1四半期合計			
	売上	原価	売上	原価	売上	原価	売上	原価	利益	利益率
チョコレートケーキ	203,442	103,245	189,965	87,554	159,956	72,334	553,363	263,133	290,230	15.6%
ショートケーキ	301,124	127,761	241,154	130,082	278,990	128,843	821,268	386,686	434,582	23.4%
プリン	190,022	107,721	208,831	108,892	110,034	54,667	508,887	271,280	237,607	12.8%
マカロン	140,081	80,992	180,032	70,665	120,097	58,990	440,210	210,647	229,563	12.4%
ロールケーキ	215,521	108,821	176,654	82,331	184,421	82,331	576,596	273,483	303,113	16.3%
シュークリーム	128,890	60,776	132,213	57,009	98,332	52,119	359,435	169,904	189,531	10.2%
パウンドケーキ	108,821	142,331	100,443	82,001	76,221	33,254	285,485	257,586	27,899	1.5%
クッキー	90,321	60,221	108,832	62,889	63,321	21,009	262,474	144,119	118,355	6.4%
マドレーヌ	98,221	59,223	87,665	62,115	32,218	72,554	218,104	193,892	24,212	1.3%
総計	########	¥851,091	########	¥743,538	########	¥576,101	########	########	########	100.0%

余白が広がって、表が用紙に収まった。だが表が左上に寄ってしまっている

余白の設定を変更する

ダイアログボックスの「余白」タブの中身を見ていこう。まず、表が左上に寄っているので、表の位置を調整していきたい。

「余白」タブの下部に、表の配置を決める「水平」と「垂直」の2つのチェックボックスがある。水平にチェックを入れると、用紙の水平方向を基準として、中央に表を配置させることができる。また、垂直にチェックを入れると、用紙の垂直方向を基準として、中心に表を配置させることができる。

多くの場合、表の印刷は「水平」方向のみチェックを入れていることが多い。今回も「水平」のみにチェックを入れよう。

印刷プレビューで確認してみると、左右の余白が均等になった。だが、まだ左右の余白が足らず、やや窮屈に見える。左右の余白を再設定してみよう。

ところが、左右の余白を0.6㎝からある程度広げていくと、用紙からはみ出してしまった。

このような場合、印刷する表をすこし縮小できれば解決ができそうだ。では、続いて表に縮小設定をしてみよう。

余白の設定を変更する

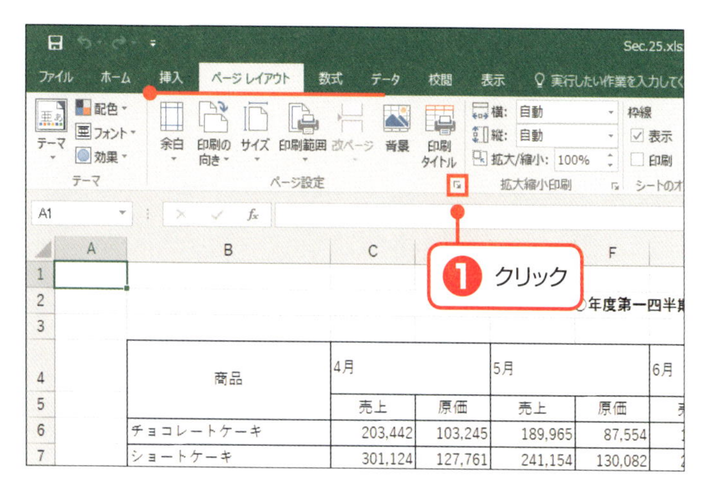

Sec.25.xls
ファイル
ホーム
挿入
ページ レイアウト
数式
データ
校閲
表示
実行したい作業を入力してく
配色
フォント
効果
テーマ
余白
印刷の向き
サイズ
印刷範囲
改ページ
背景
印刷タイトル
ページ設定
横: 自動
縦: 自動
拡大/縮小: 100%
拡大縮小印刷
枠線
表示
印刷
シートのオ
A1
1 クリック
年度第一四半期
商品
4月
5月
6月
売上
原価
チョコレートケーキ
203,442
103,245
189,965
87,554
ショートケーキ
301,124
127,761
241,154
130,082

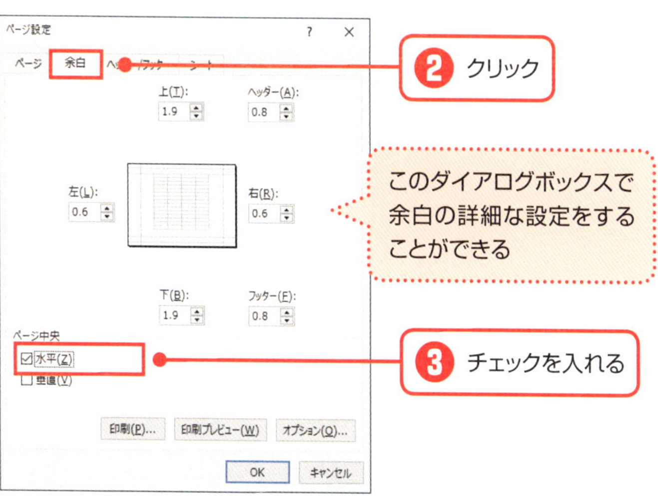

ページ設定
ページ
余白
2 クリック
上(T): 1.9
ヘッダー(A): 0.8
左(L): 0.6
右(R): 0.6
下(B): 1.9
フッター(F): 0.8
このダイアログボックスで余白の詳細な設定をすることができる
ページ中央
水平(Z)
垂直(V)
3 チェックを入れる
印刷(P)...
印刷プレビュー(W)
オプション(O)...
OK
キャンセル

SECTION 31

拡大縮小設定をうまく設定してきれいに印刷する

基本

印刷の拡大縮小設定を変更する

エクセルの表は、印刷する際に縮小や拡大をすることが可能だ。しかも、ただ単に倍率を変えるだけでなく、列や行を1ページに印刷できるようにしたり、シートを1ページに収めるように指定できるのだ。これは便利な機能だ。

これらの設定は、「印刷」画面（144ページ参照）から行う。印刷設定項目の中で「拡大縮小なし」という項目をクリックすると、倍率を選ぶことができる。自分で細かく倍率を指定したい場合は、「拡大縮小オプション」をクリックして出てくる「ページ設定」ダイアログボックスの、「ページ」タブで調整が可能だ。

それでは、これらの機能を使って縮小率を設定していこう。

エクセルの拡大縮小設定

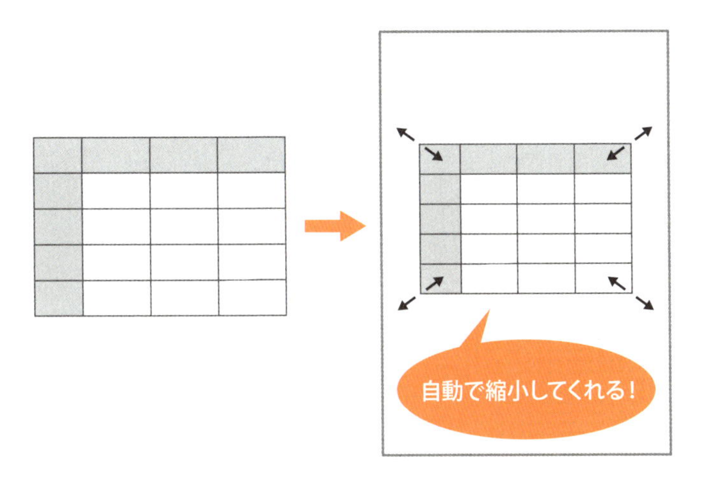

いろいろな設定の種類

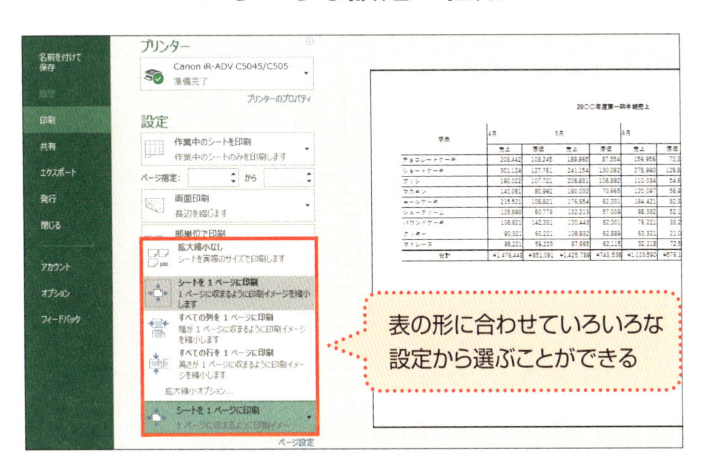

拡大縮小設定を変更する

まずは「印刷」画面で、余白を一度標準に戻そう。この状態で「シートを1ページに印刷」を選ぶ。左右の余白を保ちながら、表が縮小されて、A4用紙にきれいに収めることができた。

「拡大縮小オプション」をクリックしてみよう。「ページ設定」ダイアログボックスの中で「次のページ数にあわせて印刷」にチェックが入っていることがわかる。項目から「シートを1ページに印刷」を選んだことで、ここの機能が作動した、というわけだ。表の大きさと用紙サイズに合わせて、自動的に95%という縮小率が設定されて、表が1ページに収まるようになっている。

表によってはもうすこし縮小させたい、ということもあるので、この倍率が必ずしも正解というわけではない。状況によって最適な位置に調整しよう。

以上が、印刷の基本操作となる。用紙の向きを決め、余白や位置を設定し、拡大縮小を設定していく。この手順を順番に操作していけば、どんな表でも1枚に収めることができるはずだ。印刷ミスをできる限り回避するためにも、印刷プレビュー画面は適宜確認しよう。

1ページに収まるように設定する

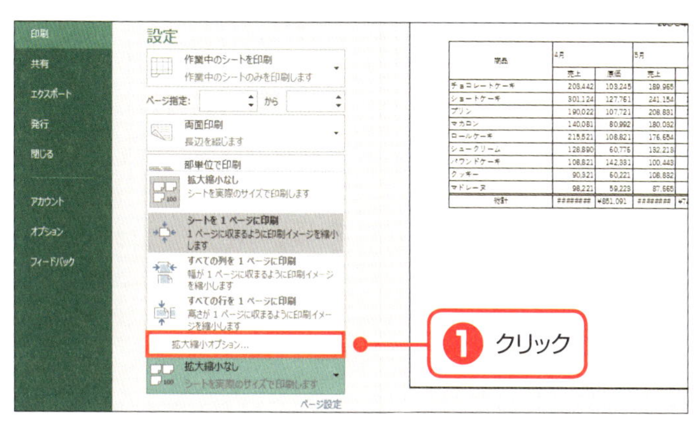

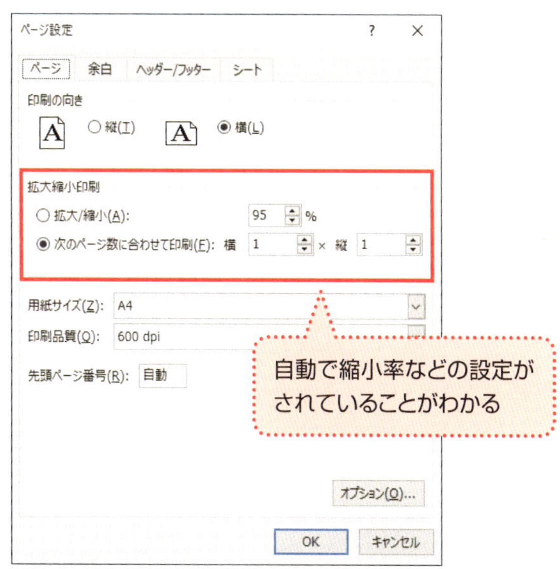

COLUMN

見出しの行の追加

住所録など長く続いているリストを作成して、どうしてもA4用紙に1枚に入り切らないときもあるだろう。この場合、何も設定していないと、2ページ目以降は見出しがない表となってしまう。

そのようなときは、2ページ目以降にも、見出しを自動的に追加する設定をしよう。「ページレイアウト」タブの「印刷タイトル」ボタンをクリックすると、ダイアログボックスに「タイトル行」という項目がある。ここに2ページ目以降挿入したい行番号を指定すればよい。

これで、2ページ目以降にも見出し行が自動で挿入される。

●見出しの行を指定する

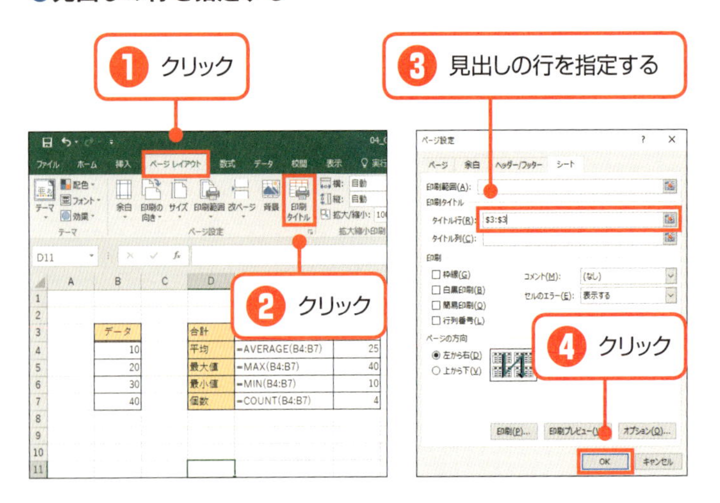

索引

お問い合わせについて

本書に関するご質問については、本書に記載されている内容に関するもののみとさせていただきます。本書の内容と関係のないご質問につきましては、一切お答えできませんので、あらかじめご了承ください。また、電話でのご質問は受け付けておりませんので、必ずFAXか書面にて下記までお送りください。
なお、ご質問の際には、必ず以下の項目を明記していただきますようお願いいたします。

1 お名前
2 返信先の住所またはFAX番号
3 書名
(スピードマスター　1時間でわかる
エクセルの操作
仕事の現場はこれで充分!)
4 本書の該当ページ
5 ご使用のOSとソフトウェアのバージョン
6 ご質問内容

なお、お送りいただいたご質問には、できる限り迅速にお答えできるよう努力いたしておりますが、場合によってはお答えするまでに時間がかかることがあります。また、回答の期日をご指定なさっても、ご希望にお応えできるとは限りません。あらかじめご了承くださいますよう、お願いいたします。
ご質問の際に記載いただきました個人情報は、回答後速やかに破棄させていただきます。

問い合わせ先

〒162-0846
東京都新宿区市谷左内町21-13
株式会社技術評論社　書籍編集部
「スピードマスター　1時間でわかる
エクセルの操作
仕事の現場はこれで充分!」
質問係
FAX:03-3513-6167
URL:http://book.gihyo.jp

お問い合わせの例

FAX

1 お名前
技術　太郎
2 返信先の住所またはFAX番号
03-XXXX-XXXX
3 書名
スピードマスター　1時間でわかる
エクセルの操作
仕事の現場はこれで充分!
4 本書の該当ページ
96ページ
5 ご使用のOSとソフトウェアのバージョン
Windows 10
Excel 2016
6 ご質問内容
手順2の操作ができない

スピードマスター　1時間でわかる
エクセルの操作
仕事の現場はこれで充分!

2016年9月15日　初版　第1刷発行

著　者●榊裕次郎
発行者●片岡　巌
発行所●株式会社　技術評論社
東京都新宿区市谷左内町21-13
電話　03-3513-6150　販売促進部
03-3513-6160　書籍編集部
編集●伊藤　鮎
装丁／本文デザイン●クオルデザイン　坂本真一郎
本文イラスト●株式会社アット
DTP●技術評論社　制作業務部
製本／印刷●株式会社　加藤文明社

定価はカバーに表示してあります。

ISBN978-4-7741-8327-5 C3055
Printed in Japan